名称	記号	単位名	単位記号	
エネルギー	E	ジュール	J	
		電子ボルト	eV	$= 1.602176 \times 10^{-19}$ J
仕事率，電力	P	ワット	W	$= $ J/s $= $ m$^2\cdot$kg$\cdot$s^{-3}
絶対温度	T	ケルビン	K	(SI 基本単位)
熱容量	C	ジュール毎ケルビン	J/K	$= $ m$^2\cdot$kg$\cdot$s$^{-2}\cdot$K^{-1}
物質量	n	モル	mol	(SI 基本単位)
電流	I	アンペア	A	(SI 基本単位)
電気量	Q, q	クーロン	C	$= $ s$\cdot$A
電位，電圧	V	ボルト	V	$= $ W/A $= $ m$^2\cdot$kg$\cdot$s$^{-3}\cdot$A^{-1}
電場の強さ	E	ボルト毎メートル	V/m	$= $ N/C $= $ m$\cdot$kg$\cdot$s$^{-3}\cdot$A^{-1}
電気容量	C	ファラド	F	$= $ C/V $= $ m$^{-2}\cdot$kg$^{-1}\cdot$s$^4\cdot$A^2
電気抵抗	R	オーム	Ω	$= $ V/A $= $ m$^2\cdot$kg$\cdot$s$^{-3}\cdot$A^{-2}
磁束	Φ	ウェーバー	Wb	$= $ V$\cdot$s $= $ m$^2\cdot$kg$\cdot$s$^{-2}\cdot$A^{-1}
磁束密度	B	テスラ	T	$= $ Wb/m^2 $= $ kg$\cdot$s$^{-2}\cdot$A^{-1}
磁場の強さ	H	アンペア毎メートル	A/m	
インダクタンス	L	ヘンリー	H	$= $ Wb/A $= $ m$^2\cdot$kg$\cdot$s$^{-2}\cdot$A^{-2}

主な物理定数

名称	記号と数値	単位
真空中の光速	$c = 2.99792458 \times 10^8$	m/s
真空中の透磁率	$\mu_0 = 4\pi \times 10^{-7} = 1.256637\cdots \times 10^{-6}$	N/A^2
真空中の誘電率	$\varepsilon_0 = 1/c^2\mu_0 = 8.8541878\cdots \times 10^{-12}$	F/m
万有引力定数	$G = 6.67428(67) \times 10^{-11}$	N$\cdot$m^2/kg^2
標準重力加速度	$g = 9.80665$	m/s^2
熱の仕事当量（≒1g の水の熱容量）	4.18605	J
乾燥空気中の音速（0℃，1atm）	331.45	m/s
1mol の理想気体の体積（0℃，1atm）	$2.2413996(39) \times 10^{-2}$	m^3
絶対零度	-273.15	℃
アボガドロ定数	$N_A = 6.02214179(30) \times 10^{23}$	1/mol
ボルツマン定数	$k_B = 1.3806504(24) \times 10^{-23}$	J/K
気体定数	$R = 8.314472(15)$	J/(mol$\cdot$K)
プランク定数	$h = 6.62606896(33) \times 10^{-34}$	J$\cdot$s
電子の電荷（電気素量）	$e = 1.602176487(40) \times 10^{-19}$	C
電子の質量	$m_e = 9.10938215(45) \times 10^{-31}$	kg
陽子の質量	$m_p = 1.672621637(83) \times 10^{-27}$	kg
中性子の質量	$m_n = 1.674927211(84) \times 10^{-27}$	kg
リュードベリ定数	$R = 1.0973731568527(73) \times 10^7$	m^{-1}
電子の比電荷	$e/m_e = 1.758820150(44) \times 10^{11}$	C/kg
原子質量単位	$1u = 1.660538782(83) \times 10^{-27}$	kg
ボーア半径	$a_0 = 5.2917720859(36) \times 10^{-11}$	m
電子の磁気モーメント	$\mu_e = 9.28476377(23) \times 10^{-24}$	J/T
陽子の磁気モーメント	$\mu_p = 1.410606662(37) \times 10^{-26}$	J/T

*（　）内の2桁の数字は，最後の2桁に誤差（標準偏差）があることを表す。

講談社
基礎物理学
シリーズ

二宮正夫・北原和夫・並木雅俊・杉山忠男 | 編

並木雅俊 著

大学生のための物理入門

講談社

推薦のことば

　講談社から創業100周年を記念して基礎物理学シリーズが企画されている。著者等企画内容を見ると面白いものが期待される。

　20世紀は物理の世紀と言われたが，現在では，必ずしも人気の高い科目ではないようだ。しかし，今日の物質文化・社会活動を支えているものの中で物理学は大きな部分を占めている。そこへの入口として本書の役割に期待している。

益川敏英
2008年度ノーベル物理学賞受賞
京都産業大学教授

本シリーズの読者のみなさまへ

「講談社基礎物理学シリーズ」は，物理学のテキストに，新風を吹き込むことを目的として世に送り出すものである。

本シリーズは，新たに大学で物理学を学ぶにあたり，高校の教科書の知識からスムーズに入っていけるように十分な配慮をした。内容が難しいと思えることは平易に，つまずきやすいと思われるところは丁寧に，そして重要なことがらは的を絞ってきっちりと解説する，という編集方針を徹底した。

特長は，次のとおりである。

- 例題・問題には，物理的本質をつき，しかも良問を厳選して，できる限り多く取り入れた。章末問題の解答も略解ではなく，詳しく書き，導出方法もしっかりと身に付くようにした。
- 半期の講義におよそ対応させ，各巻を基本的に12の章で構成し，読者が使いやすいようにした。1章はおよそ90分授業1回分に対応する。また，本文ではないが，是非伝えたいことを「10分補講」としてコラム欄に記すことにした。
- 執筆陣には，教育・研究において活躍している物理学者を起用した。

理科離れ，とくに物理アレルギーが流布している昨今ではあるが，私は，元来，日本人は物理学に適性を持っていると考えている。それは、我が国の誇るべき先達である長岡半太郎，仁科芳雄，湯川秀樹，朝永振一郎，江崎玲於奈，小柴昌俊，直近では，南部陽一郎，益川敏英，小林誠の各博士の世界的偉業が示している。読者も「基礎物理学シリーズ」でしっかりと物理学を学び，この学問を基礎・基盤として，大いに飛躍してほしい。

二宮正夫
前日本物理学会会長
京都大学名誉教授

まえがき

> 「われわれをとりかこむ自然界に生起するもろもろの現象
> ——ただし主として無生物にかんするもの——
> の奥に存在する法則を,
> 観測事実に拠りどころを求めつつ追及すること」
> これが物理学である[1]。
> 朝永振一郎 (1906 〜 1979)

> 神がどのようにしてこの世界を創造したのかを知りたい
> …神の考え方それ自体を知りたい。
> その他は枝葉末節なことである。
> アルバート・アインシュタイン
> (Albert Einstein, 1879 〜 1955)

　「物理」は,「自然」である。現在使われている意味での「自然」は, ラテン語のナートゥーラ (natura) を語源とするネイチャア (nature) の翻訳語である[2]。このナートゥーラは, ギリシア語のピュシス (physis) の訳語である[3]。アリストテレス (Aristotele, 前384〜前322) は, 動物, 植物, それに4元素 (土・水・火・空気) を, それ自体のなかに運動の原理をもつ自然物として, その運動原理あるいは原因を「自然」(ピュシス) とした。このピュシス概念に基づいて創られた学問が自然学であり, そのラテン語がヒュジカ (physica) であり, これが物理学 (physics) の語源である。
　このため, 物理学は, 定量的な実験に基づく数学的学問へと発展し終え

---

[1] 朝永振一郎『物理学とは何だろうか (上)』(岩波新書, 1979)
[2] 明治初期の翻訳であるが, 翻訳のための新造語ではなく, 仏教用語の自らなる状態を意味する「自然(じねん)」と同じ漢字をあてた。意味の異なる言語が同じ文字で表現されたため, 混乱が生じた。
[3] ピュシスの語源は,「生まれる」,「生長する」,「生成する」を意味する動詞ピュオマイ (phyomai) であると考えられている。

るまでは,自然哲学 (natural philosophy) あるいは自然学と呼ばれていた。ニュートン (Isaac Newton, 1642〜1727) の主著は『自然哲学の数学的諸原理』(Philosophiae Naturalis Principia Mathematica, 1687 年) であって,『物理学の数学的諸原理』ではない。物理学 (Physics) は,科学 (Science) と同様,19 世紀になってから多く使われるようになった[4]。

物理学には,数学的・論理的推論という特徴がある。論理的推論の基本は「前提→論理→結論」である。まず,どの理論に依拠して議論するのか,あるいはどのような仮説 (仮定) を設けて論理を構築するのか,その前提を定める。論理は,物理学では,主に数学を使って行う。このような過程を経て結論を得ても,これで終わりにはならない。実験あるいは観測との比較をする。一致が見られなければ,実験あるいは観測の数値化が適切に行われているのか,計算式を数値化する際に行った近似は適応範囲内で計算しているかなどを検討する。それでも一致が見られなければ,論理の組み立て・計算のやり直し,さらに仮説の訂正,使用する理論の検討などを行う。それを試みて実験および観測値と合わなければ,「前提」からやり直す。これを辛抱強く繰り返して行えば,物理学の進歩に寄与することができる。

このような真理探究の行為には,デカルト (René Descartes, 1596〜1650) の規則が役に立つ[5]。

①明証性の規則:明晰かつ判明に真であると認めたうえでなければ,どんなことも真として受け入れてはならない。注意深くし,速断と偏見を避けること。

②分析の規則:対象としている問題をできるだけ多くの小部分 (要素) に分けて単純化して考えること。

③総合の規則:自分の考えを順序に従って整理すること。最も単純で最も認識しやすいものから始めて,少しずつ,段階を追って,最も複雑なものの認識にまで到達すること。

④枚挙の規則:どんな些細なことでも,見落としがないと確信できるまで十分に検討すること。さらに,あらゆる場合において全体にわたる見直し

---

[4] 「科学者 (Scientist)」は,1834 年にイギリスで造られた言葉である。
[5] デカルト『方法序説』(谷川多佳子 訳),(岩波文庫,1997)

を行うこと。

　これらはあたりまえのことだが，しっかりと身につけておけば，鬼に金棒である（言うは易く行うは難し，ではあるが…）。
　また，他の諸科学と同じように，このようにして得られた結論の1つ1つが累積されて，物理学の新たな知識となっていく，これを累積的な発展といい，物理学のもつ特徴の1つである。ケプラーの法則とガリレオの運動論が基礎になって，ニュートンが万有引力の法則を発見したように，である。またガウス（J.C.F. Gauss, 1777〜1855）の法則，エルステッド（H.C. Ørsted, 1777〜1851）による電流の磁気作用の発見，それにファラデー（Michael Faraday, 1791〜1867）の電磁誘導の法則などが，マクスウェル（J.C. Maxwell, 1831〜1879）の電磁気学の基盤をつくった。ニュートンも，マクスウェルも巨人の肩に乗れたからこそ，全体が見渡せたのである。このような例はいくらでもある。
　日本に，コペルニクスの地動説を紹介したのはオランダ通詞の本木良永（1735〜1794）による『天地二球用法』（1774年），またケプラー理論の紹介は本木良永『星術本原太陽窮理了解新制天地二球用法』（1793年）である。この本の題がもととなり，日本では自然哲学が「窮理学」と呼ばれるようになった。ニュートンの力学の紹介は，『自然哲学の数学的諸原理』の解説書をもとにして，本木の弟子である志筑忠雄（1760〜1806）が『暦象新書』（上編1798年，中編1800年，下編1802年）によって行った。日本が物理学の研究・教育を本格的に行ったのは明治以後である。福沢諭吉（1835〜1901）による『訓蒙　窮理図解』（1868年）の発行がきっかけとなり，窮理ブーム（窮理熱）となった。物の筋目を意味する「物理学」が，physicsの訳として定着してきたのは明治5年（1872年）8月の学制発布以後のことである。

　本書は，大学で新たに物理学を学び始めるみなさんが，講義や実験で改まって学ぶことはないと思われるギリシア文字の書き方，ノギスの使い方，有効数字や近似計算のこと，知らないとつまずきやすいことについて解説した。また，「木を見て森を見ず」とはならないよう，1つの実験事実から

まったく異なる結果が得られることを，それらの論争を通じて伝えることにした。全体を通し，物理の骨格を示すべく執筆した。このため，数式の展開に惑わされて方向を見失わないよう，簡単な数学で記述することに努めた。また，概念形成の歴史やそれに関わった研究者の人となりにも触れ，親しんでもらえるよう工夫してみた。物理の面白さを感じていただきたい。

*

　編集委員の二宮正夫先生，杉山忠男先生には，全体の構成などについて多くの助言をいただきました。学生の西口大貴くんは，原稿を通読し，有益なコメントをしてくれました。また，講談社サイエンティフィク編集部の大塚記央さん，慶山篤さん，新舎布美乃さん，編集部OBの林重見さんには，終始励ましと実質的なコメントをいただきました。深く感謝いたします。

2010年3月
並木　雅俊

講談社基礎物理学シリーズ
大学生のための物理入門 目次

推薦のことば　iii
本シリーズの読者のみなさまへ　iv
まえがき　v

第1章　単位と物理量　1

1.1　単位は生活から生まれた　1
1.2　メートル法　5
1.3　国際単位系 (SI)　8
1.4　SIと物理　12

第2章　物理学における数と記号　20

2.1　Powers of 10　20
2.2　数字の表現　25
2.3　物理における記号と文字　30

第3章　長さ，質量，時間　36

3.1　長さの定義　36
3.2　ものの大きさ　40
3.3　質量の定義　45
3.4　密度の階層　49
3.5　時間の定義　51

第4章　物理定数　58

4.1　万有引力定数 G　58
4.2　光速度 c　63
4.3　電気素量 e　71
4.4　基礎物理定数表　74

第5章　空気と熱　76

5.1　空気の重さ　76
5.2　パスカルの決定実験　79
5.3　ボイルの法則　81
5.4　大気　82
5.5　シャルルの法則　84
5.6　状態方程式　86
5.7　比熱　88
5.8　エネルギー保存の法則　90
5.9　気体は分子からなる　91

第6章　光と原子　94

6.1　光あれ　94
6.2　空の色　102
6.3　バルマーの式　103
6.4　ラザフォードの原子模型　105
6.5　ボーア理論　107
6.6　パウリ原理　111

第7章　太陽のエネルギー　115

7.1　太陽定数　115
7.2　太陽が放射している全エネルギー量　117
7.3　太陽の表面温度　120
7.4　太陽の密度　122
7.5　太陽大気の元素組成　123

7.6 太陽の諸定数　125
7.7 太陽はなぜ輝いているか　127
7.8 太陽の寿命　130

第8章　星の物理Ⅰ　133

8.1 星までの距離を知る　133
8.2 星の明るさを知る　136
8.3 星の温度を知る　139
8.4 星の大きさを知る　140
8.5 星の質量を知る　141
8.6 HR 図　143
8.7 さらに遠くの距離を知る　145

第9章　星の物理Ⅱ　148

9.1 星の誕生　148
9.2 主系列星　151
9.3 赤色巨星　153
9.4 白色矮星　155
9.5 フラッシュ　158
9.6 中性子星　160
9.7 ブラックホール　166

第10章　宇宙の物理　172

10.1 宇宙膨張　172
10.2 元素合成　179
10.3 論争　182
10.4 宇宙背景放射の発見　185

章末問題解答　189

周期表　202

第1章

'物理'という文字は，物の理からなる。この文字のとおり，物理学は，ものとは何か，運動とは何か，を問う学問である。これらを問うためには，ものの大きさ，重さ（質量），それにこれらを記述する単位を知ることが第一歩となる。

単位と物理量

1.1　単位は生活から生まれた

　物理量を測定すること，その測定量を多くの人が共通の知識として共有するためには基準が必要である。その基準となる量を単位という。測定量は，その単位の何倍であるかで表す。

　単位は，物理に限らず，長さや重さの基準（約束ごと）がなくては混乱をきたすため，生活においても重要である。ものの計量の単位を度量衡という。度量衡の「度」は長さを測る物差し，「量」は嵩を量る升，そして「衡」は重さを量る秤のことである。現在もこの言葉は使われており，メートル条約に基づいて世界で通用する単位系を維持するための組織を国際度量衡総会 (Conférence générale des poids et mesures, CGPM) という。

長さ

　度量衡の法の歴史は，大宝律令 (701年) まで遡ることができる。昔は，長さは体の一部を単位として使っていた。握った手の指4本分の長さを束，親指と人差し指（あるいは中指）を広げた長さを尺，両手を左右に伸ばしたときの左右の指の先端間の長さを尋という。1束は約8 cm，1尋は約1.5 m（約1.8 mという説もある）である。尺と同じ起源をもつ単位と

して咫がある。これも手を当てて測ることから生じているが，中指の先端から手のひらの下端までの長さ，あるいは指8本分の幅という説もある。現在では1尺≒30 cmとなっているが，両指を大きく広げても20 cmほどしかないことを考えると，時代とともに基準が変わったことがわかる。

体の一部を単位とすることは，西洋でも同じである。親指の太さをインチ，手を広げたときの親指の先から小指の先までの長さをスパン，ひじの長さをキュービット，足（かかとからつま先まで）の長さはフートである。現在の単位で表すと，1インチ (inch) は2.54 cm，1スパン (span) は22.86 cm，1キュービット (cubit) は44.72 cm，1フート (foot) は30.480 cmである。また，3フィートを1ヤード (0.91440 m) という。なお，フートは単数形で，複数形はフィート (feet) である。

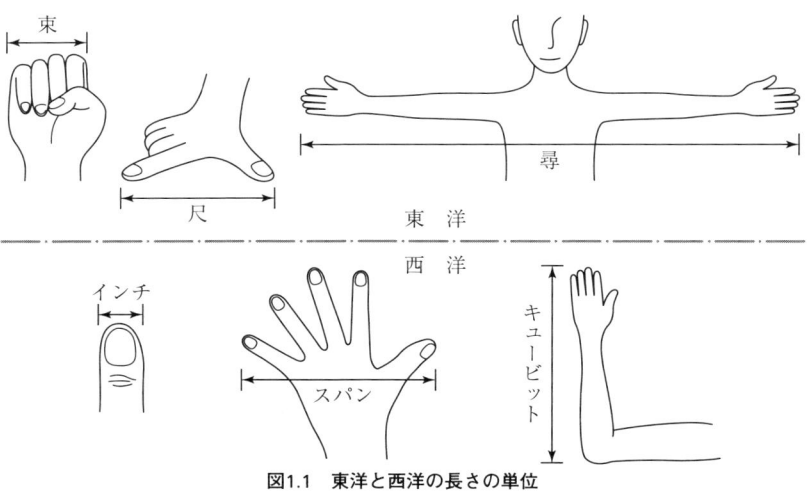

図1.1 東洋と西洋の長さの単位

例題1.1 A4判の用紙の大きさを手と指を使って計ってみた。縦が1スパンより4インチ長く，横が1スパンより1インチ短かった。これをcmで表すとどうなるか。

解 縦は 22.86 cm ＋ 4 × 2.54 cm ＝ 33.02 cm，横は 22.86 cm － 2.54 cm ＝ 20.32 cm となる。A4判は縦 29.7 cm，横 21.0 cm と決まっている。手を広げて計ると10％ほどの不確かさがあるが，おおよその大き

さはわかる。　　　　　　　　　　　　　　　　　　　　　　　■

面積・体積

　面積は，日本の単位では歩(ぶ)，畝(せ)，段(たん)(反)，町(ちょう)が基本となっていた。歩は，長さの単位である歩からつくられる面積である。歩は，左右の足を一歩ずつ踏み出した長さで6尺とされた。1尺は10/33 m（約30.3 cm）なので，6尺は約182 cmとなる。歩は，歩を1辺とした正方形である6尺平方（約3.31 m^2）を意味する。歩は，坪ともいう[1]。30歩を1畝，300歩を1段，10段を1町という。町は，推古6年（606年）から使われていて，大宝律令以前からの単位である。耕地面積を表すことが重要であったためであろう。この事情は西洋のエーカー（acre）も同様である。エーカーは，2頭1組の雄牛が1日に耕すことのできる耕地面積として，エドワードⅠ世（在位1272〜1307）の時代に決められた。1エーカー = 40.469 a = 4046.9 m^{2}である[2]。

　体積の単位は，日本でも，西洋でも，穀物や水の量を量ることから生まれた。日本では，現在でも1升瓶などで使われている升(しょう)は，田んぼ1坪から収穫出来得る米の量から生じている。その量は，大宝律令，豊臣秀吉（1537〜1598）による太閤検地（1582年）と時代とともに変わってきたが，現在では1升 = 1.80 L（1 L = 1000 cm^3）とされている。西洋でも農作物の嵩を量るために使われたものから始まった。クア（qa）は，BC2450年頃のシュメル人が使っていた容器のことで小麦や水を量る標準器とされ，約0.4 Lである。またガロン（gallon）は，ヘンリーⅦ世（在位1485〜1509）の時代に「麦100トロイオンスを1ガロン」とされた。100トロイオンスは約3.1 kgである。現在では，ガロンは英ガロンと米ガロン（約0.833英ガロン）があり，イギリスには1ワインガロン（= 231立方インチ），1ビールガロン（= 282立方インチ），それに1穀物ガロン（= 272立方インチ）がある。1立方インチは，6.387 cm^{3}である。

例題1.2　鎌倉末期の書『潤背(じゅんはい)』によると，当時の升の大きさは4寸四方・

---

[1]　1坪は，尺貫法の面積の基本単位で，およそ畳2枚の広さである。しかし，団地畳は1坪より狭く，京間畳は1坪より広いので目安にしかならない。

[2]　メートル法の地積単位はアール（are）で，記号はaである。1 a = 100 m^2 ≒ 30.25坪である。

深さ2寸（当時）であった。秀吉は，太閤検地の際に量制の統一も試み，升の大きさを5寸四方・深さ2.5寸として制定した。これを京升という。京升は，以前の升に比べて，何割大きくなったか。また，何Lか。ただし，寸は尺の補助単位で，1寸＝1/33 m である。

解　以前の升は32立方寸（890 cm^3），京升は62.5立方寸（1739 cm^3）なので，京升は，以前の升の1.95倍，すなわち9.5割分大きい。また，およそ1.74 L である。現行の升は，4.9寸四方・深さ2.7寸なので，64.827立方寸（1803.9 cm^3）で約1.8 L である。　∎

重さ

重さ（質量）の単位として，中国には，輸送量の基準であった駄馬1頭に積む品の重さで決められた駄があった。日本も同じである。駄馬に載せるため，体積や品物を載せる入れ物に依存し，また流通業であるため載せる品物の価格にも依存した。このため，その重さは30貫から50貫の幅があった。米1駄は2俵（1俵は約57 kg），糸1駄は48貫（180 kg），綿1駄は28貫800匁（108 kg）と載せる荷物によって異なっていた。江戸期に1駄は36貫（112.5 kg）と定められたが，実際は45貫ほど積んだ。馬を酷使したが，流通業はこれで潤ったのかもしれない。また，明治の開拓使時代（1869〜1882年）に流通したハッカ取卸油を入れた缶（25斤）8個を駄馬に載せて運搬したため，1駄は200斤（120 kg）となり，これが取卸油の価格の基準にもなった。

1貫は3.75 kg である。1貫は，唐の武徳4年（621年）に初鋳された開元通宝に紐を通して1000枚まとめた重さである（飛鳥池遺跡で発見（1999年）された富本銭は，開元通宝と同一規格でつくられている）。この紐のことを'銭刺し'といい，この銭刺しで1000枚の銭貨を貫くことから'貫'という。また，1000枚をひとまとめにしたため1000分の1も単位となって，これを匁という。この呼び名は，1文銭の目方（重さ）から派生した（匁は文とメ（目）の合字）。1匁は，メートル法が施行された昭和41年（1966年）の計量法においても，真珠の質量を計量する補助単位として1匁＝3.756 g と定められた。1斤は，大宝律令より前から使われていた重さの単位である。商品の種類・大きさ，それに取引場所によって異なっていた

が，明治期に 160 匁（約 600 g）に統一された。

　古代シュメル人が使っていた重さの単位であるシェケル（shekel）は，小麦 180 粒の重さ（8.3 g）とされた。180 としたのは 60 進法を使っていたためである（60 は 2, 3, 5 を約数にもつ）。この重さの単位がそのまま銀貨の重さとなり，その貨幣もシェケルという。これ以後も穀物の粒は同程度の大きさ・重さなので基準として使われた。ヤード–ポンド法の単位となったグレーン（grain）は，小麦 1 粒の重さから生じている。7000 グレーンが 1 ポンド（= 0.4536 kg）である。

1.2　メートル法

　単位は，前節で述べたように，生活の中から生まれた。このため，そこで生まれた単位はその地域の人々にとっては身近で親しみやすい。しかし，その地域の王のような特定の人の指の太さや長さ，腕の長さなどにより決められているので，その地域外で決められた尺度とは異なり，商取引などの交渉ごとにも支障をきたす。このような単位では，いつでもどこでも，という一般性をもっていないし，地域性ゆえに局所的であって総体的ではない。それに，各地の文化や風習によるので知識どうしのつながりがはっきりせず，断片的で体系的でもない。すべての国・地域の人の間で通用する単位の設定には，一般性，総体性，それに体系性が必要なのである[3]。

　地域，時代，人，それに社会によって変わらず，より普遍的なものによって度量衡の標準が定められるべきだ，とメートル法が提案されたのはフランスの国会である。その時期はフランス革命期の 1790 年 3 月であった。地域ごとに異なるどころか，複雑であったフランス国内の統一を主導するものが国際的な統一を目指し，革命による平等を掲げてメートル法は考案された。基準となる単位は，人類にとって普遍なもの，どの国・地域の人にとっても身近なものでなくてはならない。このため，長さの基準は永久不滅とされていた地球，質量の基準は水とした。これがメートル法である。メートル（meter）は，'計る' や '計器' を意味するギリシア語 metron に

---

[3]　生活から得られる知識は，特殊的，局所的，それに断片的である場合が多い。単位だけではなく，科学の説明にも一般性，総体性，それに体系性が不可欠である。

由来している。

　経線に沿った北極から赤道まで距離の1000万分の1の長さ（1 m）を決定するために，測量の旅が1792年6月に始まった。フランス北端のダンケルクからパリを通りスペインの港町バルセロナまでの距離を，当時最先端であった機器を用いて三角測量を行った（図1.2）。図面製作と計算も含め，1 mの長さを定めるために7年間を要とした難事業となった。しかしながら，これは'すべての人々，それにすべての時代のため'の決定と評されるほど大きな一歩であった。

　図1.2を見ると，最北のダンケルクから最南のバルセロナまで三角網が描かれている。図1.3のように基点Aを決め（パリのパンテオン），そこから見通しの良いところに2点B，Cを決め，その3点を結んで三角形ABCをつくる。距離ABを正確に測量し，それを基線とし，角A，B，Cも正確に測定する。距離BCとACは正弦定理より，

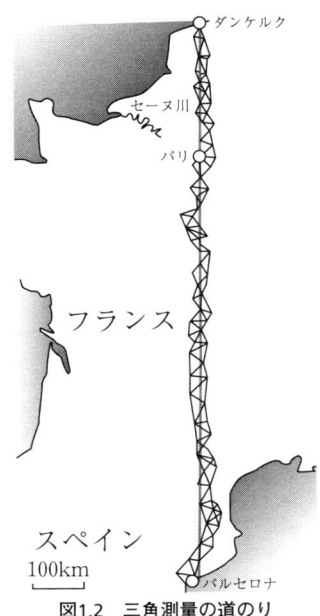

図1.2　三角測量の道のり

$$BC = AB \times \frac{\sin A}{\sin C}$$
$$AC = AB \times \frac{\sin B}{\sin C} \qquad (1.1)$$

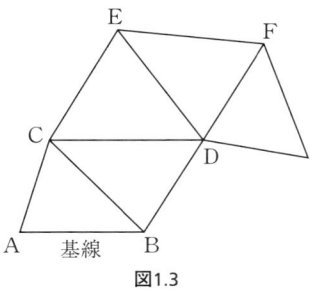

図1.3

で求める。距離BCがわかれば，三角形BCDにおいて角C，Bを測定することにより辺長を求めることができる。こうして三角網の各三角形の辺長は，順々に求まる。これが三角測量である。

質量

　このメートルを基準にして，質量の基準も1立方デシメートル[4]（$1\,dm^3$ は1リットル（1 L）と同じ体積）の水の量を1 kgと定めるべく努力した[5]。貢献したのは，質量保存の法則の提唱（1774年）でも知られているパリの徴税官ラボアジエ（A.L. Lavoisier, 1743～1794）である。ラボアジエは，（長さを定める）→（体積を決める）→（物質を選んで質量を定める）という手順で行った。彼は，氷が融解する温度において，空気の入っていない水（蒸留水）$1\,dm^3$ の質量を定めた。フランス科学アカデミー会員が，1 mの長さを定める旅に出た1792年のことである。これが発展して，1799年，4℃の純粋な水1 Lの容積がもつ質量の基準となり，これと同じ質量の分銅を白金でつくったものが，メートル法の質量標準器であるキログラム原器の第1号となった。

　1875年，メートル条約が成立した。世界的に共通の統一単位を設定しようとしてから，80年以上の年数が必要であった（日本がメートル条約に加盟したのは1885年である）。なぜなら，普遍的単位の必要性は理解しても，それまで馴染んでいた単位を換えることには多くの抵抗があったからである（それほど，単位は生活に根付いていたわけである）。提案国である当のフランスですら，それまでの単位を変えるため，メートル法以外使用を禁止した強引な法律（1837年）を定めなくてはならなかったほどであった。この条約で定めたのは，長さ，面積（度），体積（量），それに質量（衡）のみであった。国際度量衡委員会が設置され，この委員会でこの条約に基づく事業を行うことになった[6]。

---

[4] $1\,dm^3 = 10^{-3}\,m^3 = 1\,L$ である。SI単位系ではリットルの使用は推奨されていない。また，デシ（deci）は1/10を表し，記号はdである。同様に，センチ（centi）は1/100で記号はc，ミリ（milli）は1/1000で記号はmで分量を表す。デカ（deca）は10倍で記号はda，ヘクト（hecto）は100倍で記号はh，そしてキロ（kilo）は1000倍で記号はkで倍量を表す。

[5] 当時は，キログラム（kg）ではなく，グラーヴ（grave）が単位名であった。キログラムが使用されたのは，名称が決まった1795年以後である。

[6] 決議機関は，6年に1度開催される国際度量衡総会である。この第1回総会（1875年5月）においてメートル条約が成立した。

1.3 国際単位系(SI)

1954 年に開催された国際度量衡総会において，国際的な統一単位系が定められた。これが，国際単位系 (Le Système International d'Unités) である。SI と略される。この総会以後，1967 年に温度のケルビン，1971 年に物質量のモルが追加され，現在使われているかたちとなった。日本の計量法もこれに従っている。

SI は，基本単位，補助単位，それに組立単位から構成されている。基本単位と定められているのが，長さとしてメートル (m)，質量としてキログラム (kg)，時間として秒 (s)，電流としてアンペア (A)，温度としてケルビン (K)，光度としてカンデラ (cd)，それに物質量としてモル (mol) の 7 つである (表 1.1)。補助単位[7]は，角度の単位であるラジアン (rad) と立体角の単位ステラジアン (sterad あるいは sr) である (表 1.2)。

表1.1 SI 基本単位

基本量	SI 基本単位	
	名称	記号
長さ	メートル (meter)	m
質量	キログラム (kilogram)	kg
時間	秒 (second)	s
電流	アンペア (ampere)	A
熱力学温度	ケルビン (kelvin)	K
物質量	モル (mole)	mol
光度	カンデラ (candela)	cd

表1.2 SI 補助単位(組立単位)

量	名称	記号
平面角	ラジアン	rad
立体角	ステラジアン	sr

平面角のラジアンは，弧度法によって定義される。半径 1 の円において，長さ 1 の弧に対する中心角 θ を 1 rad (ラジアン) といい，rad 単位で表した角度を弧度という (図 1.4)。この中心角が 180°のときの弧の長さは π (半径が 1 なので円周の長さは 2π) であるので，中心角は π となる。す

---

[7] ラジアンは円弧と半径の比とすることができるため，一般には SI 組立単位と分類されている。

なわち,角度 180° を弧度で表すと π となる。また逆に,1 rad は約 57.3°（$= 180/\pi$）である。

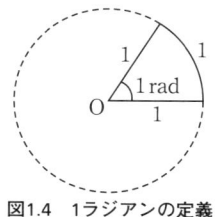

図1.4　1ラジアンの定義

円の半径を r として,より一般的に表現すると, r に等しい弧に対する中心角を 1 rad という。このため,長さ l の弧に対する中心角は,

$$\theta = \frac{l}{r} \tag{1.2}$$

で定義できる。すなわち,弧度 θ は,1 点が距離 r だけ離れた線 l に対して張る角を表している。

傘の開き具合など,錐体の頂点の部分がもつ立体的な広がりを表す場合は,立体角 Ω を用いる。これは,

$$\Omega = \frac{S}{r^2} \tag{1.3}$$

で表される（図 1.5）。式 (1.1) から類推すると,1 点がある距離 r だけ離れた面 S に対して張る角が立体角 Ω である。この Ω の単位が sr（ステラジアン）である。1 sr は, $S = r^2$ となるときの立体角である。半径 1 の球面上で面積 1 となる部分を S とすれば,球の中心 O から S を見るときの立体角を 1 sr としてもよい。球の表面はその中心に 4π sr の立体角を張る。

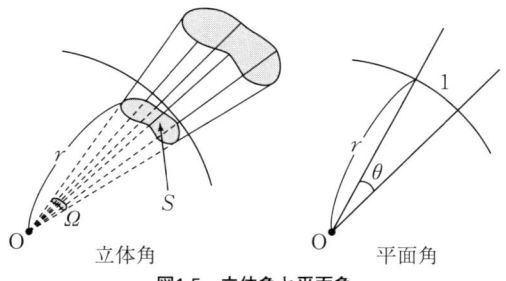

図1.5　立体角と平面角

第 1 章　単位と物理量

例題1.3　度数法で表された角度 $\theta_1 = 30°$, $\theta_2 = 45°$, $\theta_3 = 60°$, $\theta_4 = 90°$ を弧度法に直せ。

解　$\theta_1 = 30° \times \dfrac{\pi}{180°} = \dfrac{\pi}{6}, \qquad \theta_2 = 45° \times \dfrac{\pi}{180°} = \dfrac{\pi}{4}$

$\theta_3 = 60° \times \dfrac{\pi}{180°} = \dfrac{\pi}{3}, \qquad \theta_4 = 90° \times \dfrac{\pi}{180°} = \dfrac{\pi}{2}$ ■

例題1.4　1点の周りの全空間の立体角はいくらか。

解　球の表面積は $4\pi r^2$ であるから，これを S として (1.3) 式に代入すれば，$\Omega = 4\pi$ が得られる。 ■

組立単位は，上に挙げた 7 つの基本単位を組み合わせて代数的に表される単位である。例えば，面積＝長さ×長さ，なので，面積の単位は m × m = m²(平方メートルと読む) である。同様に，体積の単位は，m × m × m = m³(立方メートル) となる。また，密度は質量を体積で割った量なので，密度の単位は kg/m³，あるいは kg·m⁻³ と表し，キログラム毎立方メートルという。

例題1.5　速さの単位はどう表されるか。また，加速度の単位はどうか。

解　速さは，移動した距離を移動時間で割った量なので m/s (または m·s⁻¹) である。m/s はメートル毎秒と読む。また加速度は，速さの時間変化なので m/s² (または m·s⁻²) で，メートル毎秒毎秒と読む。 ■

例題1.6　340 m/s は時速ではいくらか。また，90 km/h は秒速いくらか。

解　1 m/s = 3.6 km/h を用いて，340 m/s = 1224 km/h となる。また，1 km/h = $\dfrac{1}{3.6}$ m/s を用いて，90 km/h = 25 m/s である。 ■

表1.3　固有の名称をもっているSI組立単位

組立量	SI 組立単位		
	固有の名称	記号	SI 基本単位での表示
振動数，周波数	ヘルツ	Hz	1 Hz = 1 s⁻¹
力	ニュートン	N	1 N = 1 kg·m·s⁻²
圧力，応力	パスカル	Pa	1 Pa = 1 N·m⁻² = 1 kg·m⁻¹·s⁻²
エネルギー，仕事，熱量	ジュール	J	1 J = 1 N·m = 1 kg·m²·s⁻²
仕事率，パワー，放射束	ワット	W	1 W = 1 J·s⁻¹ = 1 kg·m²·s⁻³

電荷，電気量	クーロン	C	$1\,\mathrm{C} = 1\,\mathrm{A} \cdot \mathrm{s}$
電位，電位差，電圧，起電力	ボルト	V	$1\,\mathrm{V} = 1\,\mathrm{W} \cdot \mathrm{A}^{-1}$ $= 1\,\mathrm{kg} \cdot \mathrm{m}^{2} \cdot \mathrm{s}^{-3} \cdot \mathrm{A}^{-1}$
静電容量	ファラド	F	$1\,\mathrm{F} = 1\,\mathrm{C} \cdot \mathrm{V}^{-1} = 1\,\mathrm{A} \cdot \mathrm{s} \cdot \mathrm{V}^{-1}$ $= 1\,\mathrm{kg}^{-1} \cdot \mathrm{m}^{-2} \cdot \mathrm{s}^{4} \cdot \mathrm{A}^{2}$
電気抵抗	オーム	Ω	$1\,\Omega = 1\,\mathrm{V} \cdot \mathrm{A}^{-1}$ $= 1\,\mathrm{kg} \cdot \mathrm{m}^{2} \cdot \mathrm{s}^{-3} \cdot \mathrm{A}^{-2}$
コンダクタンス	ジーメンス	S	$1\,\mathrm{S} = 1\,\Omega^{-1}$ $= 1\,\mathrm{kg}^{-1} \cdot \mathrm{m}^{-2} \cdot \mathrm{s}^{3} \cdot \mathrm{A}^{2}$
磁束	ウェーバ	Wb	$1\,\mathrm{Wb} = 1\,\mathrm{V} \cdot \mathrm{s}$ $= 1\,\mathrm{kg} \cdot \mathrm{m}^{2} \cdot \mathrm{s}^{-2} \cdot \mathrm{A}^{-1}$
磁束密度	テスラ	T	$1\,\mathrm{T} = 1\,\mathrm{Wb} \cdot \mathrm{m}^{-2}$ $= 1\,\mathrm{kg} \cdot \mathrm{s}^{-2} \cdot \mathrm{A}^{-1}$
インダクタンス	ヘンリー	H	$1\,\mathrm{H} = 1\,\mathrm{Wb} \cdot \mathrm{A}^{-1}$ $= 1\,\mathrm{kg} \cdot \mathrm{m}^{2} \cdot \mathrm{s}^{-2} \cdot \mathrm{A}^{-2}$
セ氏温度，セルシウス温度	セルシウス度	℃	$1\,℃ = 1\,\mathrm{K}$ 注：これは単位である。温度目盛りは $t(℃) = T(\mathrm{K}) - 273.15$ である。
光束	ルーメン	lm	$1\,\mathrm{lm} = 1\,\mathrm{cd} \cdot \mathrm{sr}$
照度	ルクス	lx	$1\,\mathrm{lx} = 1\,\mathrm{lm} \cdot \mathrm{m}^{-2}$

---

8) 周波数の単位 Hz は電磁波の存在を実験的に検証したハインリッヒ・ヘルツ（Heinrich R. Hertz, 1857〜1894），力の単位 N は万有引力の発見者でもあるアイザック・ニュートン（Isaac Newton, 1642〜1727），圧力の単位 Pa は大気圧を定量的に求めたブレーズ・パスカル（Blaise Pascal, 1623〜1662），エネルギーの単位 J はエネルギー保存の法則の提唱者の１人であるジェイムズ・ジュール（James Prescott Joule, 1818〜1889），仕事率の単位 W は蒸気機関の発明者として知られているジェイムズ・ワット（James Watt, 1736〜1819），電荷の単位 C は静電気間に働く力を定量的に定めたシャルル・クーロン（Charles Augustin de Coulomb, 1736〜1806），電圧の単位 V は電池（電堆）の発明者アレッサンドロ・ボルタ（Alessandro G.A.A. Volta, 1745〜1827），静電容量の単位 F は電磁気学の開拓者マイケル・ファラデー（Michael Faraday, 1791〜1867），抵抗値の単位 Ω はオームの法則で知られるゲオルク・オーム（Georg Simon Ohm, 1789〜1854），コンダクタンスの単位 S は発電機の発明など電気工業界に貢献したエルンスト・ジーメンス（Ernst Werner von Siemens, 1816〜1892），磁束の単位 Wb は地磁気測定や電信機の開発でも知られているヴィルヘルム・ウェーバー（Wilhelm Eduard Weber, 1804〜1891），磁束密度の単位 T は交流電動機や誘導電動機の発明などで知られるニコラ・テスラ（Nikola Tesla, 1856〜1943），インダクタンスの単位 H は電流の自己誘導の発見者ジョセフ・ヘンリー（Joseph Henry, 1797〜1878），セ氏（摂氏）温度の単位℃は日常使われているこの温度目盛りの提唱者アンデルス・セルシウス（Anders Celsius, 1701〜1744）に由来している。光束の単位 lm と照度の単位 lx は，人名に因んでいないため小文字で始める。

力やエネルギーのように基本単位で表示できるが固有の名称をもっている組立単位を表 1.3 に記した。ここでの固有の名称は，ルーメンとルクス以外は人名に由来している[8]。

1.4　SI と物理

この節で，組立単位と基本単位の関係を簡単に考える。

振動数 (ν)：振動数と周波数は同義語であるが，波や電気振動では周波数という場合が多い。振動数 (周波数) は，波の媒質の各点が 1 秒間に繰り返す振動の回数である。例えば，平均律でのラの音は 440 Hz であるが，これは 1 秒間に振動している回数が 440 回であるということである。1 回の振動に要する時間を周期という。振動数 (周波数) を ν とし，周期を T とすれば，これらは逆数の関係，

$$\nu = \frac{1}{T} \tag{1.4}$$

にある。

例題1.7　周期が 0.025 s の波の振動数 (周波数) はいくらか。

解　$\nu = 1/0.025 = 40$ Hz

力 (F)：ある物体に加えられた力は，その物体が生じた加速度に比例する。加速度とは速度の時間的変化である。この力と加速度の関係は，ニュートンの運動の第 2 法則が示してくれる。ニュートンの運動の第 2 法則は，『質量 m の質点に力が作用すると，力の方向に加速度を生じる。その加速度の大きさ a は力の大きさ F に比例し，m に反比例する』である。この文を式で表すと，

$$a = \frac{F}{m} \tag{1.5}$$

となる。この式あるいは $F = ma$ と表したものを，通常，ニュートンの運動方程式という。これにより，質量 1 kg の物体に，1 m/s^2 の加速度を生じさせる力を 1 N ということがわかる。また，ニュートンの運動方程式より，単位 N を基本単位で表示すると kg·m/s^2 という単位となる。

例題1.8 体重（質量）60 kg の人が，静止状態から，3 s のあいだ等加速度運動して速さ 15 m/s に達した。この人の加速度の大きさと加速させた力の大きさはいくらか。

解 加速度は $15\,\mathrm{m/s} \div 3\,\mathrm{s} = 5\,\mathrm{m/s^2}$，力は $60\,\mathrm{kg} \times 5\,\mathrm{m/s^2} = 300\,\mathrm{N}$ である。 ■

圧力（p）：圧力とは，ある任意の面を考え，その面に垂直方向にはたらく単位面積あたりの力の大きさである。1 Pa は，1 N/m² のことである。1 気圧は，101325 Pa である。これは大きな数であるため，100 倍を意味するヘクト h をつけて，通常，1013 hPa としている。気圧は atm（アトムと発音する）という記号を用いる。ゆえに，1 atm = 1013 hPa となる。

例題1.9 気圧が 1 atm であるとき，地表 1 m² の上方にある空気は何 kg か。

解 1 atm は，1 m² あたり 1013×10^2 N の力がはたらいていることを意味している。重力加速度の大きさを $9.8\,\mathrm{m/s^2}$ とすれば，$1013 \times 10^2 \div 9.8 \fallingdotseq 1.0 \times 10^4$ kg となる。何と，1 m² あたり空気の質量は 10 トンもある（10^n は，10 を n 回掛け算した数，10 の累乗を意味する）。 ■

エネルギー（E）：物理でいう仕事とは，力の大きさと力の方向に移動した距離との積のことである[9]。このため，仕事の単位は N × m で，これを J とした。すなわち，1 J は，物体を 1 N の大きさの力で，その向きに 1 m 動かすことに相当する仕事の量である。また物体が仕事をなし得る能力をもっていることを，その物体はエネルギーをもっているという[10]。このため，仕事の単位とエネルギーの単位は同じである。また，熱はエネルギーの流れなので，熱の移動を示す熱量の単位も J である。

日常で使われるエネルギー（熱量）の単位に cal（カロリー）がある。こ

---

[9] 仕事に出掛けるとか，仕事に疲れたなどの，日常会話で出てくる仕事とは異なる。この場合，職業や業務などしなくてはならない行動を意味するが，物理でいう仕事は，（加えた力）×（力の向きに移動した距離）とした物理量である。

[10] より簡潔には，「時間の一様性を仮定した孤立系の運動において保存される物理量」と定義できる。

れは，水 1 g を 1℃温めるのに要する熱量とされているが，何度の水を 1℃温めるのかによって，値が違ってしまう。水の比熱が温度によって異なるためである。一般に，1 気圧のもとで純水 1 g の温度を 14.5℃から 15.5℃に上げるのに要する熱量として定義し，1 cal = 4.186 J である[11]。

例題1.10 太陽が地球（大気圏外）にそそぐ単位時間，単位面積あたりのエネルギーを太陽定数という。これは，1.96 cal/cm²·分である。この単位を J/m²·s に変えたら，いくらか。

解
$$\begin{aligned}
1.96 \text{ cal/cm}^2\text{·分} &= \frac{1.96}{60} \text{ cal/cm}^2\text{·s} \\
&= 3.27 \times 10^{-2} \text{ cal/cm}^2\text{·s} \\
&= 3.27 \times 10^{-2} \times 10^4 \text{ cal/m}^2\text{·s} \\
&= 3.27 \times 10^2 \times 4.186 \text{ J/m}^2\text{·s} \\
&= 1.37 \times 10^3 \text{ J/m}^2\text{·s}
\end{aligned}$$
■

仕事率（P）：仕事率は単位時間あたりにされる仕事の量で，1 秒間に 1 J の仕事を 1 W という。例えば，質量 50 kg の物体を 10 m 持ち上げるのに 49 秒かかったとしたら，仕事率は 100 W（= 50 × 9.8 × 10 ÷ 49）となる。また，例題 1.10 の太陽定数 1.37 × 10³ J/m²·s は，1.37 × 10³ W/m² = 1.37 kW/m² となる。電気での仕事率は電力である。このため電気量は，ある時間内に使用した電気エネルギーの量である。

例題1.11 日常生活で電気量を表す 1 kWh は，1 kW の電力を 1 時間使ったときに消費されるエネルギーである。1 kWh は，何 J か。

解 1 時間は 3600 秒なので，1 Wh = 3.6 × 10³ J，1 kWh = 3.6 × 10⁶ J となる。 ■

電荷（Q）：単位は，C（クーロンという）である。1 C とは，1 A（アンペア）の電流が 1 秒間流れたときに通過する電荷の値である。式で表すと

---

[11] この他にも，0℃で定めた 0°カロリー，20℃で定めた 20°カロリーがある。また 0℃の純水を 100℃上げるのに要する熱量の 1/100 を平均カロリーという。1 平均カロリーは 4.190 J である。栄養学では，この平均カロリーを 1000 倍したものを大カロリー（平均キロカロリー）といい，記号 Cal を用いている。

$1\,\mathrm{C} = 1\,\mathrm{A} \times 1\,\mathrm{s}$ である。電荷は，物体のもっている電気量である。電荷 q_1 と電荷 q_2 にはたらく力の大きさは，クーロンの法則により，

$$F = \frac{1}{4\pi\varepsilon_0}\frac{q_1 q_2}{r^2} \tag{1.6}$$

により，求めることができる。r は2つの電荷の距離で，ε_0 は真空の誘電率 ($8.854 \times 10^{-12}\,\mathrm{C^2\,N^{-1}\,m^{-2}}$) である。高校物理では，$k = \dfrac{1}{4\pi\varepsilon_0}$ としている。$k = 8.99 \times 10^9\,\mathrm{N\cdot m^2\cdot C^{-2}}$ である。

例題1.12　電荷 $q_1 = +3.0 \times 10^{-6}\,\mathrm{C}$ と電荷 $q_2 = -2.0 \times 10^{-7}\,\mathrm{C}$ が $0.30\,\mathrm{m}$ 離れて置かれている。これら2つの電荷が及ぼし合う静電気力（クーロン力）の向きと大きさはいくらか。

解　正電荷と負電荷であるので，互いが引き合う向きに力（引力）がはたらく。力の大きさは，$q_1 q_2 / r^2 = 3.0 \times 10^{-6} \times 2.0 \times 10^{-7} / 0.30^2 = 6.7 \times 10^{-12}$，および，$k = 9.0 \times 10^9\,\mathrm{N\cdot m^2\cdot C^{-2}}$ より，$6.0 \times 10^{-2}\,\mathrm{N}$ となる。■

電位（V）：$1\,\mathrm{V}$ は，$1\,\mathrm{A}$ の電流が流れている導体の2点間で消費される電力が $1\,\mathrm{W}$ であるとき，その2点間の電位である[12]。基本単位で表すと，電力 $P = V \times I$ より，$1\,\mathrm{V} = 1\,\mathrm{kg\cdot m^2\cdot s^{-3}\cdot A^{-1}}$ である。$1\,\mathrm{V}$ は，$1\,\mathrm{C}$ の電荷を動かすのに $1\,\mathrm{J}$ の仕事を必要とする2点間の電位差のことである。電位は位置エネルギーと同様に基準を必要とするが，通常，電荷から無限遠の点を基準とする。

例題1.13　一直線上の点 A に q の電荷，そこから a だけ離れた点 B に $-2q$ の電荷がある。直線 AB 上で電位が0となる点を求めよ。ただし，電位の基準は無限遠とする。

解　電位が0となる AB 上の点を P とする。P は，A の右側，距離 x にあるとする。A を原点とする，

$$\frac{q}{x} - \frac{2q}{a-x} = 0 \quad (x > 0), \quad \frac{q}{-x} + \frac{2q}{a-x} = 0 \quad (x < 0)$$

となる。これを解くと，A から右方向に $a/3$ の点，それに A から左方向

---

[12] 電位は，「$1\,\mathrm{C}$ あたりの電気的な位置エネルギー」と定義した方が明確である。

に a の点となる。 ∎

電気容量 (C): 平行板コンデンサーの極板の一方に電荷 Q, もう一方に電荷 $-Q$ を与えたときの極板間の電位差を V とすると, これらには $Q = CV$ という比例関係がある。この比例係数 C を電気容量といい, コンデンサーの電荷をたくわえる能力を表す量である。$C(= Q/V)$ の単位は F (ファラド) である (基本単位で表すと $1\,\text{F} = 1\,\text{A·s·V}^{-1} = 1\,\text{kg}^{-1}\text{·m}^{-2}\text{·s}^4\text{·A}^2$ となる)。すなわち, $1\,\text{C}/1\,\text{V}$ が $1\,\text{F}$ となる。極板面積が S, 極板間が d であるなら, $C = \varepsilon_0 \dfrac{S}{d}$ となる。ここで, ε_0 は真空の誘電率である。

例題1.14 半径 $1.0\,\text{cm}$ の円板 2 枚を距離 $1.0\,\text{mm}$ 隔てた平行板コンデンサーの電気容量はいくらか。また, 電位差 $100\,\text{V}$ を与えると, 極板上に現れる電荷量はいくらか。

解
$$C = \varepsilon_0 \frac{S}{d} = \frac{8.9 \times 10^{-12} \times \pi \times (1.0 \times 10^{-2})^2}{1.0 \times 10^{-3}}$$
$$= 2.8 \times 10^{-12}\,\text{F} = 2.8\,\text{pF}$$
$$Q = CV = (2.8 \times 10^{-12}) \times 100 = 2.8 \times 10^{-10}\,\text{C} = 0.28\,\text{nC}$$

ただし, p はピコで 10^{-12}, n はナノで 10^{-9} を示す SI 接頭語 (次章で説明) である。 ∎

電気抵抗 (R): 導体に電圧 $V\,[\text{V}]$ を加えるとその大きさに比例した電流 $I\,[\text{A}]$ が流れる。これを表現したものがオームの法則

$$V = RI \tag{1.7}$$

である。この比例係数 R を電気抵抗 (あるいは抵抗) といい, その単位は, 法則の名と同じ, オーム (Ω) である。$1\,\Omega$ は, $1\,\text{V}$ の電圧を加えて $1\,\text{A}$ の電流が流れるときの物質の抵抗である。また抵抗 R は, 長さ L に比例し, 太さ S に反比例するので,

$$R = \rho L/S \tag{1.8}$$

となる。ここで, 比例係数 ρ は抵抗率を表し, 単位は $\Omega\text{·m}$ である。抵抗率は, 物質の性質を表す量で, 材料や温度によって異なる。例えば, 0℃ で, 銅は $1.6 \times 10^{-8}\,\Omega\text{·m}$, タングステンは $4.9 \times 10^{-8}\,\Omega\text{·m}$, 鉄は $8.9 \times$

10^{-8} Ω·m である。

例題1.15 電圧 1.5 V の電池にある抵抗を接続し，電流の値が 0.50 A であった。この抵抗の値はいくらか。

解 $1.5/0.50 = 3.0$ なので，$3.0\,\Omega$ となる。∎

例題1.16 直径 2.0 mm の絶縁被覆付の銅線を半径 10 cm の円筒に 1 層 200 回巻き付けてコイルをつくった。このコイルの抵抗はいくらか。

解 $R = (1.6 \times 10^{-8}) \times 2\pi \times 0.101 \times 200/\pi(1.0 \times 10^{-3})^2 = 0.65$ なので，$0.65\,\Omega$ となる。∎

コンダクタンス (S)：コンダクタンスは，流れやすさを表す量である。このため，直流では抵抗の逆数で，単位はジーメンス（S）である。アメリカでは，オーム（ohm）のスペルを逆にしてモー（mho）といい，単位も Ω の逆さ文字 ℧ を使っている。

磁束 (Φ)：磁束は，その密度によって磁場の強さを表す量で，ある面を貫く磁力線の面と直行する成分の大きさをいう。単位はウェーバ（Wb）である。

磁束密度 (B)：単位面積を貫く磁束である。単位はテスラ（T）で，$1\,\mathrm{T} = 1\,\mathrm{Wb/m^2}$ となる。

インダクタンス (L)：回路の電流の変化に対する自己誘導により生じる起電力との比を表す定数。単位はヘンリー（H）である。コイルを流れる電流が 1 秒間に 1 A の割合で変化するとき，自己誘導の起電力が 1 V になるインダクタンスは 1 H である。

セ氏温度 (θ)：セルシウス度ともいう。以前は，1 atm のもと，氷点を 0℃ とし，水の沸点を 100℃ とし，その間を 100 等分した温度目盛としたが，現在では，国際温度目盛によって定められている[13]。これは，どの温度範囲ではどのような温度計で測定するかを決め，水銀の三重点 -38.8344 ℃，水の三重点 0.01 ℃，銀の凝固点 961.78 ℃ などの 17 の定点

(定義温度)をおいて，実用的に定められている。SI 基本単位である K との関係は，$t[℃] = T[K] - 273.15$ である。

例題1.17 1 mol の理想気体の標準状態での圧力 p，体積 V，温度 T はそれぞれいくらか。

解 標準状態とは，1 atm，0℃ の状態のことをいうので，$p = 1\,\text{atm} = 1.013 \times 10^5\,\text{Pa}$，$T = 0℃ = 273.15\,\text{K}$，この状態にある気体の 1 mol の体積は気体の種類によらず約 $22.4\,\text{L} = 2.24 \times 10^{-2}\,\text{m}^3$ である。■

光束 (I_e)：光度を表す SI 基本単位は，カンデラ（cd）である。1 cd は，人間の可視感度の最大値をとる波長 555 nm の点光源から放射されるエネルギーが単位立体角あたり 1/683 W である光度である。すなわち，

$$1\,\text{cd} = \frac{1}{683}\,\text{W·sr}^{-1} = \frac{1}{683}\,\text{Js}^{-1}\text{·sr}^{-1} \tag{1.9}$$

である。1 カンデラは，もともとロウソクの明るさを示す単位であったが現在では，白金の融点（2042 K）における黒体放射の 1 cm^2 あたりの光度の 60 分の 1 で定義されている。683 とは，1 ワットの電力に相当するロウソクの数である。

1 ルーメン（lm）とは，すべての方向に放射される光の光度が一様に 1 cd である点光源から 1 sr の立体角内に発せられる光束のことである。

照度 (I)：1 ルクス（lx）は，1 lm の光束で 1 m^2 の面を照らした場合の照度である。すなわち，$1\,\text{lx} = 1\,\text{lm·m}^{-2} = 1.46 \times 10^{-3}\,\text{W·m}^{-2}$ である。満月が約 10^{-1} lx，蛍光灯が約 10^2 lx，晴天では約 10^5 lx である。新月の夜は約 10^{-3} lx で，これは南中（正中）時の照度の 10^{-8} 倍である。夜は，昼より 1 億分の 1 も暗い。

---

13) 1990 年の国際度量衡総会によって制定された温度目盛である。理論的に整合性のある熱力学温度は原理的であって，実際上，測定による検証が困難である。このため，再現がしやすい温度定点を 17 点指定することにより，国際ケルビン温度と国際セルシウム温度を関係づけている。17 の定点は，平衡水素の三重点 13.8033 K = −259.3467℃，水の三重点 273.16 K = 0.01℃，金の凝固点 1337.33 K = 1064.18℃ などである。定点以外は補間する経験式で求める。

章末問題

1.1 ちょっとした失言で辞任に追いやられることがある。諺にも、「舌三寸の囀(さえず)りに五尺の身を破る」がある。三寸と五尺を SI 単位で表せ。

1.2 野球のダイヤモンドは 1 辺 90 フィートの正方形である。ダイヤモンドの面積を SI 単位で表せ。

1.3 部屋の広さを表現する場合、8 畳分の広さという。これは何 m^2 か。

1.4 おにぎり 1 個の発熱量は約 165 kcal である。これを SI 単位で表せ。

1.5 1 日の長さは、1 世紀あたり 0.0017 秒の割合で延びている。1000 年前の 1 日と比べて、現在の 1 日はどれだけ長いか。また、1000 年間に延びた時間は累積でいくらか。

1.6 水の密度は約 1 g/cm^3 である。これを kg/m^3 で表せ。

第 2 章

ガリレオが '**自然は数学の言葉で書かれた書物である**' と言ったことはよく知られている[1]。この章では，数の表示と文字を学ぶ。これが物理量を知る一歩となる。

物理学における数と記号

2.1　Powers of 10

　地球から太陽までの距離は約 150000000 km，また水素原子の半径は約 0.000000053 mm である。このように，身近な単位である km や mm で表すと 0 がたくさんありすぎて，すぐには，いくつだかわからない。それに何より間違いやすいし，伝えにくい。巨大な数，極微な数を表すには，工夫が必要なのである。

　10 を基にして考える。10 を 2 回掛けた数 $10 \times 10 (= 100)$ を 10^2 と記す。すると，10 を 3 回掛けた数 $10 \times 10 \times 10 (= 1000)$ は 10^3，10 を 4 回掛けた数 $10 \times 10 \times 10 \times 10 (= 10000)$ は 10^4 となる。10 の累乗である。より一般的に，10 を n 回掛けた数 $10 \times 10 \times \cdots \times 10$ は 10^n と書いて，10 の n

---

[1]　ガリレオ・ガリレイ (Galileo Galilei, 1564 ～ 1642) が，1623 年に書した『偽金鑑識官』(山田慶児・谷秦 訳) にある一節である (『ガリレオ』(中央公論社))。翻訳では「哲学は，目のまえにたえず開かれているこの最も巨大な書 (すなわち，宇宙) のなかに，書かれているのです。しかし，その言語を理解し，そこに書かれている文字を解読することを学ばないかぎり，理解できません。その書は数学の言葉で書かれており，その文字は三角形，円その他の幾何学図形であって，これらの手段がなければ，人間の力では，その言葉を理解できないのです。それなしでは暗い迷宮を虚しくさまようだけなのです」とある。文頭の '哲学' は，自然学あるいは自然哲学 (物理学) のことで，現在では自然科学と理解できる。

乗という（10 は，10^n に，$n=1$ を代入して 10^1 となる）。これで大きな数を表す。$n=8$ で1億，$n=16$ で1京なので巨大数を表現することが可能である。これより，先ほどの地球－太陽間は 1.5×10^8 km なので，これは 1.5×10^{11} m と記せる。$100 \times 1000 = 10^2 \times 10^3 = 10^5$，あるいは，$100 \times 100 \times 100 = 10^2 \times 10^2 \times 10^2 = 10^6 = (10^2)^3 = 10^6$ の例から，m と n を正の整数とすると，指数法則 $10^m \times 10^n = 10^{m+n}$，$(10^m)^n = 10^{mn}$ が成り立つことがわかる。

また逆に，極微な数の表現を学ぶ。10 を 10 で割った数 $10 \div 10$ は 1 となる。この 1 を 10 で割った数（$=0.1=1/10$）を 10^{-1} と記す。これより，$1 \div 10 \div 10 = 0.01 = 1/100 = 10^{-2}$，$1 \div 10 \div 10 \div 10 = 0.001 = 1/1000 = 10^{-3}$ となる[2]。一般に，$10^{-n} = 1/10^n$ と表せる。これより，先ほどの水素原子の半径は 5.3×10^{-8} mm $= 5.3 \times 10^{-11}$ m と記せる。また，$10^0 = 1$ とする。$10^m 10^{-n} = 10^m \times 10^{-n} = 10^m/10^n = 10^{m-n}$，$(10^m)^{-n} = 10^{-mn}$ が成り立つ。

m と n が整数であるとき，$10^m \times 10^n = 10^{m+n}$ と $(10^m)^n = 10^{mn}$ の指数法則が一般的に成り立つ[3]。

例題2.1 次の値を求めよ。
(1) $0.01 \times 0.001 \times 1000$ (2) $10^5 \times 10^{-2}$ (3) $10^{-4} \div 10^{-2}$ (4) $(10^{-8})^3$

解 (1) $10^{-2} \times 10^{-3} \times 10^3 = 10^{-2}$ (2) 10^3 (3) 10^{-2} (4) 10^{-24} ■

SI 単位の 10 の整数乗倍には，表 2.1 a，b のような呼び名がある。これを接頭語という。接頭語は，1000 m = 1 km，10000 g = 10 kg のように，0 を数えることが少なく，便利である。ヘクトは，ヘクタール（ha）とかヘクトパスカル（hPa）で使われる。キロ以上の大きな単位を用いることは日常では少ないが，パソコンには 120 GB とか，1 TB などが表示されている。B は，バイト（byte）の略記で，記憶量などの表示の単位である[4]。小数（小さな数）の表現では，デシリットル（dL），センチメートル（cm）

---

[2] 0.0001 は，0 でない数の前に，0 が 4 つ付いているので 10^{-4} と覚えてもよい。
[3] さらに一般化すると，m と n は実数でも成り立つ。
[4] コンピュータの情報表現は，2 種類の基本符号で構成されている。この単位を 1 ビット（bit）という。数字や文字などを表現するため 8 ビットが必要最小単位とされ，これを 1 バイト（= 8 ビット）という。

などが日常生活にみられる。またマイクロメートルも，毛髪の太さ60μm，スギ花粉の直径30μmなどで使われることがある。

表2.1 a　大数を表す接頭語表

乗数	SI 接頭語	
	名称	記号
10	デカ	da
10^2	ヘクト	h
10^3	キロ	k
10^6	メガ	M
10^9	ギガ	G
10^{12}	テラ	T
10^{15}	ペタ	P
10^{18}	エクサ	E
10^{21}	ゼタ	Z
10^{24}	ヨタ	Y

表2.1 b　小数を表す接頭語

乗数	SI 接頭語	
	名称	記号
10^{-1}	デシ	d
10^{-2}	センチ	c
10^{-3}	ミリ	m
10^{-6}	マイクロ	μ
10^{-9}	ナノ	n
10^{-12}	ピコ	p
10^{-15}	フェムト	f
10^{-18}	アト	a

例題2.2　長さをm，質量をkg，時間をsの単位で表したMKS単位系で表したある量を，長さをcm，質量をg，時間をsの単位で表したCGS単位で表すと10^n倍となる。

次の物理量 (1) から (7) では，n はいくらになるか。
(1) 体積　(2) 密度　(3) 速度の大きさ　(4) 加速度の大きさ　(5) 力の大きさ　(6) 圧力の大きさ　(7) エネルギー

解　(1) 1 m = 100 cm なので，$(10^2)^3 = 10^6$ より $n = 6$ となる。
(2) 密度は質量/体積なので，$10^3/10^6 = 10^{-3}$ より $n = -3$ となる。
(3) 速度の大きさは距離/時間なので，10^2 より $n = 2$ となる。
(4) 加速度の大きさは距離/(時間)^2 なので，10^2 より $n = 2$ となる。
(5) 力の大きさは，質量×加速度なので，$10^3 \times 10^2 = 10^5$ より $n = 5$ となる。
(6) 圧力の大きさは，力の大きさ/面積 なので，$10^5/(10^2)^2 = 10^1$ より n

= 1 となる。

(7) エネルギーは，力の大きさ×距離なので，$10^5 \times 10^2 = 10^7$ より $n = 7$ となる。

　数の数え方にも文化の違いがある。100 をハンドレッド (hundred)，1000 をサウザント (thousand)，1000000 をミリオン (million) までは英米共通だが，それより大きな数の表現であるビリオン (billion) とトリリオン (trillion) は異なっている。ビリオンは，アメリカでは 10^9(10 億) だが，イギリスやフランスでは 10^{12}(1 兆) である。またトリリオンは，アメリカでは 10^{12}(1 兆) だが，イギリスやフランスでは 10^{18} である。

　日本での数の読み方は，欧米とは比較にならないほど豊かである。それは，中国・明の時代の書『算法統宗』(1593 年) を手本として書かれた吉田光由『塵劫記』(全 4 巻, 1627 年) にある。大数 (大きな数) は，十，百，千，万，億，兆，京，核，秭，穣，溝，澗，正，載，極，恒河沙，阿僧祇，那由他, 不可思議, 無量大数と 20 もの数の表現からなる。これを命数という。1 文字の漢字ではない恒河沙からは後世の追加である。恒河沙は，インドのガンジス川の砂の数を意味し，阿僧祇は'数えることができない'，那由他は'極めて大きな数量'を意味する梵語，不可思議は'考えることのできないほどの，人に伝えることのできない'，無量大数は，漢字文化圏において最も大きな数とした仏教用語に由来している。

　また，小数は，分，厘，毛，絲，忽，微，繊，沙，塵，埃，渺，漠，模糊，逡巡，須臾，瞬息，弾指，刹那，六徳，虚，空，清，浄と 23 の数で表されている[5]。

　『塵劫記』には，寛永 4 年版，寛永 8 年版，寛永 11 年版があり，これら 3 つの版とも命数は同じだが，位取りは，4 桁進法 (万進)，8 桁進法 (万万進) と異なっている。寛永 11 年版のものを表とした (表 2.2a と表 2.2b)。

　小数は，3 割 2 分 5 厘のように野球の打率表示で使われているので，厘までは知られているが，それ以後はそうではない。大数より，日常から遠いためであろう。厘の 1/10 は毛，毛の 1/10 は絲，絲の 1/10 は忽，忽の

---

[5] 虚，空，清，浄を虚空，清浄，阿頼耶，阿摩羅，涅槃寂静として，命数を 1 つ多くしている説もある。

第 2 章 物理学における数と記号

表2.2a 『塵劫記』大数

命数	読み方	10 の異乗表示
十	じゅう	10
百	ひゃく	10^2
千	せん	10^3
万	まん	10^4
億	おく	10^8
兆	ちょう	10^{12}
京	けい	10^{16}
垓	がい	10^{20}
秭	じょ	10^{24}
穣	じょう	10^{28}
溝	こう	10^{32}
澗	かん	10^{36}
正	せい	10^{40}
載	さい	10^{44}
極	ごく	10^{48}
恒河沙	ごうがしゃ	10^{52}
阿僧祇	あそうぎ	10^{56}
那由他	なゆた	10^{60}
不可思議	ふかしぎ	10^{64}
無量大数	むりょうたいすう	10^{68}

表2.2b 『塵劫記』小数

命数	読み方	10 の累乗表示
分	ぶ	10^{-1}
厘	りん	10^{-2}
毛	もう	10^{-3}
絲	し	10^{-4}
忽	こつ	10^{-5}
微	び	10^{-6}
繊	せん	10^{-7}
沙	しゃ	10^{-8}
塵	じん	10^{-9}
埃	あい	10^{-10}
渺	びょう	10^{-11}
漠	ばく	10^{-12}
模糊	もこ	10^{-13}
逡巡	しゅんじゅん	10^{-14}
須臾	しゅゆ	10^{-15}
瞬息	しゅんそく	10^{-16}
弾指	だんし	10^{-17}
刹那	せつな	10^{-18}
六徳	りっとく	10^{-19}
虚	きょ	10^{-20}
空	くう	10^{-21}
清	せい	10^{-22}
浄	じょう	10^{-23}

注：これは，『塵劫記』寛永 11 年（1634 年）版のものである。寛永 8 年版では，恒河沙 10^{56}，阿僧祇 10^{64}，那由他 10^{72}，不可思議 10^{80}，無量大数 10^{88} と万万進法となっている。

1/10 は微,などと最小単位の浄まで,位取りも規則的に 1/10 ずつ小さくなっており単純であるが,その種類は 23 と大数より多い。

2.2 数字の表現

数字は,基本的に
$$A_0.A_1A_2A_3\cdots \times 10^n$$
のかたちで表す。ただし,A_0 は 1 以上の整数,$A_k(k=1, 2, 3, \cdots)$ は 0 以上の整数,n は整数である。これを科学表記という。例えば,エベレスト山の標高 8848 m は 8.848×10^3 m,カブトムシの体重 0.0045 kg は 4.5×10^{-3} kg と表す。単位は SI 単位とする。例えば,理想気体 1 モルの体積 22.41 L/mol は 2.241×10 L/mol = 2.241×10^{-2} m^2/mol とする。

例題2.3 次の 3 つの数を物理学の表記で示せ。
(1) 地球の赤道半径 6378.13 km (2) 月の半径 1737.9 km (3) 光速度 299792458 m/s

解 (1) 6.37813×10^6 m (2) 1.7379×10^6 m
(3) 2.99792458×10^8 m/s ■

有効数字

どのような測定値においても不確かさがある。測定する器具には正確さに限度があり[6]),測定回数も有限であるのだから,当然である。測定値として,7.24 と表記したら,それは 7.2400000… を意味するのではなく,7.235 以上 7.245 未満の値を意味しており,最小の桁に不確かさがある。7.240 という表記とは区別しなくてはならない(7.240 の方が精度が高い)。このように測定値として正確さを保証する数字を有効数字といい,その保証する桁数を有効数字の桁数という。有効数字は,測定の精度が考慮されているので信頼性の表現である。

例題2.4 次の数の有効数字は各々何桁か。
(1) 6.67 (2) 2.241 (3) 1.01325 (4) 0.022 (5) 0.0007 (6) 1.0000

---
6) 1 m を計測範囲とする定規の精度は 200μm,10 cm を計測範囲とするノギスは 50μm,マイクロメータは 2μm である。

解 (1) 3 桁 (2) 4 桁 (3) 6 桁 (4) 2 桁 (5) 1 桁 (6) 5 桁 ■

有効数字は，加減算や乗除算によって変化する。例えば，服を着たまま体重を測ったら 68.6 kg，裸で測ったら 67.9 kg であったので，服の重さは 0.7 kg とする。誰もが行っていることなので疑問をもたないが，有効数字が 3 桁から 1 桁となり，精度が落ちている。これは，絶対値のごく近い 2 つの数を引き算すると絶対値が小さくなって相対的に不確かさが大きくなるため，有効数字が減るのである。これを桁落ちという。演算の際，注意が必要である。

加減算での桁落ち

有効数字 3 桁の数 724 と 4 桁の数 211.3 を足してみる。724 は 723.5 〜 724.4, 211.3 は 211.25 〜 211.34 なので，加えると 934.75 〜 935.74 となる。これは，935 とも 936 ともいえるが，中央の値が 935.245 なので，935 が妥当な表示となる。3 桁の 935 が妥当な表示となる。引き算では 512.16 〜 513.15 となる。この中央の値は 512.655 なので，513 が妥当な表示である。いずれも 4 桁の数からすると桁落ちとなる（4 桁の末尾の数字は計算に影響を与えない）。

一般に，有効数字の異なる加減算では，有効数字の低い方に倣う。

乗除算での桁落ち

同様に 724 と 211.3 との積は，152839.375 〜 153094.696 なので 1.53×10^5 となる。割り算は，3.423393584 〜 3.429112426 なので，有効数字 3 桁の 3.42 が妥当な表現となる。

有効数字は演算により少ない桁数に合わせるとよいことがおよそ言えるが，計算の途中では有効数字より 1 桁あるいは 2 桁余分に計算しておくとよい。また，次のことを心がけておくと便利である。

① 2.7182×0.9876 のように，1 に近い数字の掛け算は，$2.7182 \times (1 - 0.0124) = 2.7182 - 2.7182 \times 0.0124 \cong 2.7182 - 0.0337 = 2.6845$ のようにする。

② $a^2 - b^2$ の計算は，$(a-b)(a+b)$ で行う。

例題2.5 次の計算をして，有効数字内で答えなさい。

(1) $231.4 + 5.432$ (2) $625 - 529$ (3) 58.36×8.254 (4) $\cos 1.2345°$

解　(1) 236.8 (4桁)　(2) 96 (2桁)　(3) 481.7 (4桁)　(4) 0.99977 (5桁)[7]　∎

不確かさの表示

測定値が x で，不確かさが Δx であるなら，最終結果は $x \pm \Delta x$ と表す。例えば，$x = 56.34$ kg，$\Delta x = 0.02$ であれば，(56.34 ± 0.02) kg と記す。この表記は，値が 56.32 kg から 56.36 kg の範囲に真の値が存在する確率が高いことを意味している。確率であって，厳密な意味で真の値がこの範囲にあるということではないことに注意する必要である。また，$(6.67259 \times 10^{-11} \pm 3.0 \times 10^{-15})$ N·m²·kg⁻² とは記さずに，

$$(6.67259 \pm 0.00030) \times 10^{-11} \text{ N·m}^2\text{·kg}^{-2}$$

と量自体の桁に揃えて表す。

Δx は，測定値の標準偏差 s を $\sqrt{n}$ で割った値である。n 回の測定データが，$x_1, x_2, x_3, x_4, x_5, \cdots, x_{n-1}, x_n$ であるならば，平均（標本平均）は，

$$\bar{x} = \frac{x_1 + x_2 + x_3 + \cdots + x_{n-1} + x_n}{n} = \frac{1}{n}\sum_{k=1}^{n} x_k \tag{2.1}$$

である。測定値はこの値の周りに分布する。また標本分散[8]は，

$$s^2 = \frac{1}{n-1}\sum_{k=1}^{n}(x_k - \bar{x})^2 \tag{2.2}$$

で表され，s が標本標準偏差となる[9]。不確かさ Δx は，この s を $\sqrt{n}$ で割った

$$\Delta x = \frac{s}{\sqrt{n}} \tag{2.3}$$

に等しい。

---

[7] 半角の公式 $\sin^2\frac{\theta}{2} = \frac{1}{2}(1-\cos\theta)$ を用いて計算した方が，一般的に精度はよい。

[8] 分母が n ではなく，$(n-1)$ となっていることには理由がある。たった1回の測定で分散の値を出すことは意味のないことにしておかなくてはならない（n が大きいときには，どちらでも問題にはならない）。これを不偏分散という。不偏分散は，実験データを取り扱うのに最良推定値とされている。

[9] 標本標準偏差は，平均値からの偏差である。真の値からの偏差である σ とは異なる。測定回数が限られているため，その平均値からの偏差から不確かさを評価する。

例題2.6 ある電気抵抗の抵抗 R を 8 回測定したら，5.515 Ω，5.538 Ω，5.497 Ω，5.534 Ω，5.513 Ω，5.523 Ω，5.559 Ω，5.521 Ω となった。このデータの最終的な測定値を $x \pm \Delta x$ で表しなさい。

解 次のようなワークシートをつくるとよい。

k	R_k	$R_k{}^2$
1	5.515	30.415225
2	5.538	30.669444
3	5.497	30.217009
4	5.534	30.625156
5	5.513	30.393169
6	5.523	30.503529
7	5.559	30.902481
8	5.521	30.481441
計	44.20	244.207454

平均値 $\quad \bar{x} = 44.20/8 = 5.525$

標本分散
$$s^2 = \frac{1}{n-1}\sum_{k=1}^{n}(x_k - \bar{x})^2$$
$$= \frac{1}{n-1}\sum_{k=1}^{n}(x_k{}^2 - 2\bar{x}\,x_k + \bar{x}^2)$$
$$= \frac{1}{n-1}(\sum_{k=1}^{n}x_k{}^2 - 2\bar{x}\sum_{k=1}^{n}x_k + \bar{x}^2\sum_{k=1}^{n}1)$$
$$= \frac{1}{n-1}(\sum_{k=1}^{n}x_k{}^2 - 2\bar{x}\,n\bar{x} + n\bar{x}^2)$$
$$= \frac{1}{n-1}(\sum_{k=1}^{n}x_k{}^2 - n\bar{x}^2)$$
$$= (244.207454 - 8 \times 5.525^2)/7$$
$$= 0.002454/7 = 0.0003506$$

標本標準偏差 $\quad s = 0.01872$

測定の不確かさ $\quad \Delta x = \dfrac{s}{\sqrt{8}} = 0.006620$

これより最終的な測定値は，(5.525 ± 0.007) Ω となる。

これを $(5.525 + 0.0066)$ Ω と表したくなるが，測定の不確かさの有効数字は1桁で表示することが慣例となっている[10]。これは平均値（最確値）の最後の桁（5.525 の小数第 3 位の 5）は不確かさを含むため，不確かさの有効数字を多くする理由がないためである。すなわち，不確かさの表示は四捨五入して有効数字 1 桁で表せばよい。 ■

例題2.7 重力加速度の測定を 6 回行い，次の値を得た。

9.81 m/s^2, 9.75 m/s^2, 9.83 m/s^2, 9.79 m/s^2, 9.77 m/s^2, 9.76 m/s^2

例題と同様な表を作成し，測定値を評価しなさい。

解 まず次のような表をつくる。

k	x_k	x_k^2
1	9.81	96.2361
2	9.75	95.0625
3	9.83	96.6289
4	9.79	95.8441
5	9.77	95.4529
6	9.76	95.2576
計	58.71	574.4821

平均値　　　　　$\bar{x} = 58.71/6 = 9.785$

標本分散　　　　$s^2 = (574.4821 - 6 \times 9.785^2)/5$
　　　　　　　　　　$= 0.0009500$

標本標準偏差　　$s = 0.03082$

測定の不確かさ　$\Delta x = \dfrac{s}{\sqrt{6}} = 0.01258$

これより最終的な測定値は，(9.79 ± 0.01) m/s^2 となる。 ■

---

10) 基本定数をより正確に表示する場合は，(5.525 ± 0.0065) Ω のように不確さ 2 桁で表すことがある。

2.3　物理における記号と文字

物理学においては，数学同様，記号を多く用いる。使用する際にはそのつどその文字（アルファベット[11]）が何を意味するか定義をするが，長さには l, d, s, 質量には m, 時間には t をあてるなど慣例がある[12]。また英文字以外にも，円周率 π, 角度 θ, 角速度 ω, 密度 ρ, 摩擦係数 μ, 波長 λ, 電気抵抗の単位 Ω, 断面積 σ など，ギリシア文字も用いる。ギリシア語の読み方と書き順を表2.3に示した。

表2.3　ギリシア文字の読み方と書き順

大文字	小文字	読み方	書き順
(A)	α	アルファ (alpha)	α
(B)	β	ベータ (beta)	β
Γ	γ	ガンマ (gamma)	γ
Δ	δ	デルタ (delta)	δ
(E)	ε	イプシロン (epsilon)	ε
(Z)	ζ	ゼータ，ツェータ (zeta)	ζ
(H)	η	エータ (eta)	η

---

[11]　アルファベットの語源は，ギリシア文字の最初の2文字である α と β を合わせて呼んだことである。

[12]　物理量はイタリック（italic）で記すことになっている。イタリックは右に傾けた文字で，斜体ともいう。また，単位（m, kg, s など），位置を示す記号（点 a，点 P など），粒子（電子 e，陽子 p など）や電磁波の名前（X 線，γ 線など）などは，立体であるローマン体（roman type）で記す。

30

Θ	θ	シータ，テータ (theta)	θ
(I)	ι	イオタ (iota)	ι
(K)	κ	カッパ (kappa)	κ
Λ	λ	ラムダ (lambda)	λ
(M)	μ	ミュー (mu)	μ
(N)	ν	ニュー (nu)	ν
Ξ	ξ	グザイ，クシー (xi)	ξ
(O)	(o)	オミクロン (omicron)	o
Π	π	パイ (pi)	π
(P)	ρ	ロー (rho)	ρ
Σ	σ	シグマ (sigma)	σ
(T)	τ	タウ (tau)	τ
Υ	υ	ウプシロン (upsilon)	υ
Φ	ϕ, φ	ファイ (phi)	ϕ, φ
(X)	χ	カイ (chi)	χ

Ψ	ϕ	プサイ，プシー (psi)	
Ω	ω	オメガ (omega)	

注意：カッコ内のギリシア文字は，英文字と区別がつかないので用いられない。

　物理量を記号で表す場合は，使う前あるいは直後に定義しなくてはならない。また，慣例となっている記号以外の記号を用いると読み手を困らせることになる。基本的には，時間 (time) は t，質量 (mass) は m，速度 (velocity) は v，加速度 (acceleration) は a で表した方がよい。表2.4 に，物理量とよく使われる記号を示した。

表2.4　物理量の記号

物理量	慣例となっている記号	次元
長さ	l, d, r, s	L
面積	S, A	L^2
体積	V	L^3
質量	m, M	M
時間	t, T	T
速度	v, u	LT^{-1}
加速度	a, α	LT^{-2}
角速度	Ω, ω	T^{-1}
周期	T	T
振動数	ν, f	T^{-1}
波長	λ	L
力	F, f	$M\,LT^{-2}$
圧力	p, P	$M\,L^{-1}\,T^{-2}$
密度	ρ, d	$M\,L^{-3}$
運動量	p, mv	$M\,LT^{-1}$
力積	$F\varDelta t, I$	$M\,LT^{-1}$
力のモーメント	M	$M\,L^2\,T^{-2}$
慣性モーメント	I	ML^2
エネルギー	E, K, U	$M\,L^2\,T^{-2}$
仕事	W	$M\,L^2\,T^{-2}$
粘性率	η	$ML^{-1}\,T^{-1}$
温度	T	Θ

熱量	Q	ML^2T^{-2}
熱容量	C	$ML^2T^{-2}\Theta^{-1}$
比熱	c	$L^2T^{-2}\Theta^{-1}$
電流	i, I	I
電流密度	j, J	$L^{-2}I$
電気量，電荷	q, Q	TI
電荷密度	ρ	$TL^{-3}I$
電場（電界）	E	$MLT^{-3}I^{-1}$
電束密度	D	$L^{-3}TI$
電位，電位差，電圧	V	$ML^2T^{-3}I^{-1}$
電気容量	C	$M^{-1}L^{-2}T^4I^2$
誘電率	ε	$M^{-1}L^{-3}T^4I^2$
抵抗，インピーダンス	r, R	$ML^2T^{-3}I^{-2}$
磁場（磁界）	H	$L^{-1}I$
磁束	Φ	$ML^2T^{-2}I^{-1}$
磁束密度	B	$MT^{-2}I^{-1}$
磁化	M	$L^{-1}I$
透磁率	μ	$MLT^{-2}I^{-2}$
インダクタンス	L	$ML^2T^{-2}I^{-2}$
インピーダンス	Z	$ML^2T^{-3}I^{-2}$
磁気双極子モーメント	μ, m	L^2I

注意：この表ではスカラーとベクトルを区別していないので注意が必要である。例えば，速度や力はベクトル量なので $\boldsymbol{v}$ や $\boldsymbol{F}$ のように太文字で記さなくてはならない。v や F は，その物理量の大きさのみを表す。速度の大きさ v は，「速さ」という。

次元と次元解析

表 2.4 の右列は，対応する物理量の次元 (dimensions) を示している。一般に，物理量は，基本単位 (1.3 節を参照) のべきの積で表される。この表にある物理量は，質量 (M)，長さ (L)，時間 (T)，温度 (Θ)，それに電流 (I) のべきの積である $M^a L^b T^c \Theta^d I^e$ で表示されている。物理量 A の次元を記号 [A] で表すと，一般に，

$$[A] = [M^a L^b T^c \Theta^d I^e] \quad (a, b, c, d, e は整数)$$

と書ける。例えば，力は，$F = ma$ より，[力] = [質量] × [加速度]，[加速度] = $[LT^{-2}]$ なので，[力] = $[MLT^{-2}]$ となる。

等式は，次元が一致していなくてはならない。次元がわかっていない物理量があっても，それと関係づける式があれば，その物理量の次元を求め

ることができる。この未知の物理量を見つける手法を次元解析という。

例題2.8 単振子の周期 T は，おもりの質量 m，糸の長さ l，重力加速度 g で組み立てられ，$T = \alpha m^x l^y g^z$ で示されていると考えた（ただし α は無次元の比例定数）。x, y, z の値を求めて，周期を求める関係式を導きなさい。

解 $[T] = [M^x L^y (LT^{-2})^z] = [M^x L^{y+z} T^{-2z}]$ より，
$$x = 0, \quad y + z = 0, \quad -2z = 1$$
なので，
$$x = 0, \quad y = 1/2, \quad z = -1/2$$
ゆえに，$T = \alpha m^0 l^{1/2} g^{-1/2} = \alpha \sqrt{\dfrac{l}{g}}$ となる。 ∎

次元解析では比例定数 α が 2π であることを求めることはできないが，単振子の周期がおもりの質量に無関係なことは示せた。

例題2.9 次のように，ある量がいくつかの量で組み立てられているとしたとき，次元解析により，その式を示せ。
(1) エネルギー E は，質量 m と運動量 p で組み立てられている。
(2) 粘性率 η の流体の中を，半径 r の球形物体が速さ v で運動している。このとき物体が受ける力 F は，η, r, v で組み立てられる。

解 (1) 無次元の比例係数を α とすると，$E = \alpha m^x p^y$ と書ける。次元式は，
$$[ML^2 T^{-2}] = [M^x \times (MLT^{-1})^y] = [M^{x+y} L^y T^{-y}]$$
となる。これより，$x + y = 1$, $y = 2$ なので，$x = -1$, $y = 2$ となる。すなわち，$E = \alpha p^2 / m$ となる（この場合，$\alpha = 1/2$ である）。
(2) 無次元の比例係数を β とすると，$F = \beta \eta^x r^y v^z$ と書ける。次元式は，
$$[MLT^{-2}] = [(ML^{-1}T^{-1})^x \times (L)^y \times (LT^{-1})^z] = [M^x L^{-x+y+z} T^{-x-z}]$$
となる。これより，$x = 1$, $-x + y + z = 1$, $x + z = 2$ なので，$x = 1$, $y = 1$, $z = 1$ となる。すなわち，$F = \beta \eta r v$ となる（この場合，$\beta = 6\pi$ である）。 ∎

章末問題

2.1 次の計算を，有効数字に注意して行いなさい。
(1) $3215 + 7.342$　(2) 47.78×3.965　(3) $4.711 \div 61.07$

2.2 火星の平均半径は，3.4×10^6 m である。火星を球体として，火星の周長，表面積，それに体積を，有効数字を考慮して計算しなさい。

2.3 音速の測定を 5 回行い，次の値を得た。
346.5 m/s, 342.5 m/s, 338.8 m/s, 341.9 m/s, 339.4 m/s
測定値を評価しなさい。

2.4 ブラックホール半径（シュワルツシルト半径）r_g は，ブラックホールの質量 M，万有引力定数 G，それに光速度 c で組み立てられる。次元解析により，r_g を求める式を導きなさい。

第 3 章

物理の基礎は，測定にある。その測定の基本量は，長さ，質量，それに時間である。これらの基本単位である 1 m，1 kg，1 s は何によって定められているのだろうか。

長さ，質量，時間

3.1　長さの定義

　現在，1 m は「1 s の 299792458 分の 1 の時間に光が真空中を伝わる行程の長さ」と定められている。光速度 c は，$c = 2.99792458 \times 10^8$ m/s である。これは，第 17 回国際度量衡総会 (1983 年) および第 16 回国際天文学総会により，定義定数と決議された値である。

　1 m の最初の定義は，第 1 章で学んだように，地球の子午線上に沿った北極点から赤道までの距離の 1000 万分の 1 の長さと定められていた。これは，1875 年 5 月 20 日にメートル条約となり，国際的な度量衡制度となった。メートル法を提案したフランスは，確定原器の作成に努力し，1889 年の第 1 回国際度量衡委員会においてメートル原器が決定された。メートル原器は，白金 90％，イリジウム 10％ の合金でつくられ，曲がりにくいように断面が X に似た H の形になっている (図 3.1 参照)。1 m は，この棒状物体の長さではなく (長さは 102 cm ある)，両端の近くに記された目盛線の間の距離を 0℃ のときに測定した長さである。

　どのような物体であっても，測定には正確さの限界が必ずあり，不確かさが伴う。精度が高いとされる金属製直尺 (50 cm 以下，1 級) は，±0.15 mm の不確かさをもっている。ノギスは，外径，内径，深さを測

図3.1 メートル原器（産業技術総合研究所）

定する実験に必須の機器であるが，これにも± 0.05 mm の不確かさがある。マイクロメータは，測定物を挟んで測る用具で，その計測範囲は 10 μm から 100 mm と狭いが，不確かさは± 0.004 mm と精度は高い。メートル原器にも，膨張，目盛りの鮮明度，金属の再結晶などの影響があり，精度は 1.5×10^{-7} m である。これは，日常では十分な精度であるが，ナノ（10^{-9} m）の世界では，重大な不確かさとなる。図 3.2 は，電子顕微鏡で撮影した金（Au）原子の鎖である。上下の金原子の結晶に間に 4 つの金原子が連なっていて，その間隔は 0.4 nm である。このようなミクロな世界を知るためには，長さの単位となる 1 m をさらに正確に定めておく必要がある。

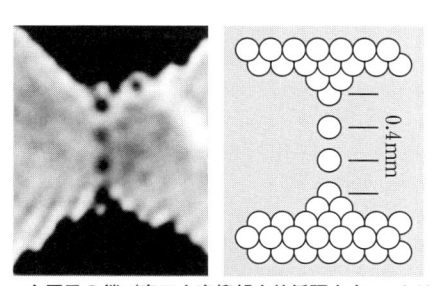

図 3.2 金原子の鎖（東工大高柳邦夫教授研究室 HPより引用）

そこで考え出されたのが，相対性理論により不変量とされている"真空中の光速度 c"を用いる方法である。これが，現在の長さの標準となっている[1]。しかし，光の波長の直接測定が困難であるため，日本では国際的な勧告値を用いていた。2009 年 7 月，光周波数コム装置[2]を用いること

が長さの日本の国家基準となった。この技術によると、10^{-12} の精度で光の波長が直接測定できる。これで、長さの測定は 10^{-12} までは保証されている。

例題3.1 ノギスには、主尺目盛りと副尺目盛りがある（図3.3）。副尺はバーニア（vernier）と呼ばれることが多い。

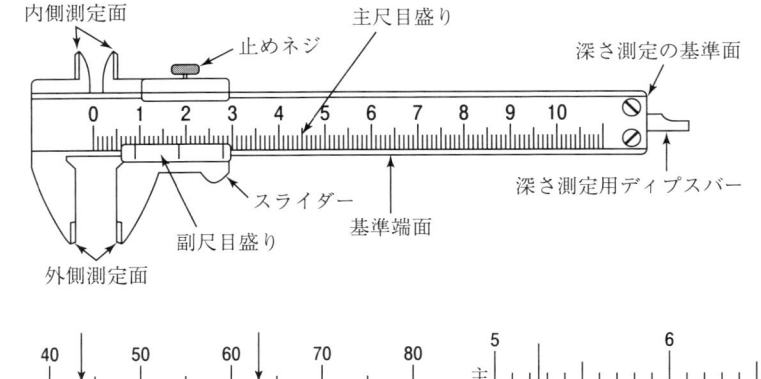

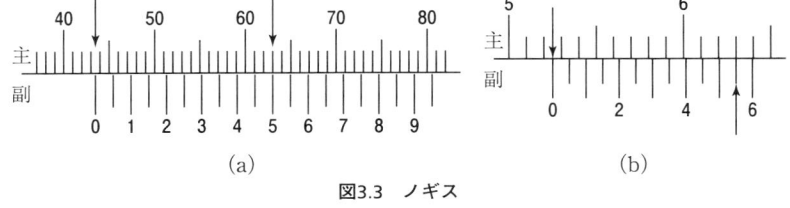

図3.3 ノギス

主尺とバーニアの目盛線が一致した点が測定値の読み取り点となる。次の図 (a) と図 (b) の目盛りを読みなさい。ノギス (a)，(b) は、目盛りの付け方が異なっている。さまざまなノギスに慣れておこう。

解 (a) まず、主尺で 43.XX mm と読む（小数第1位と第2位を XX と仮に入れておく）。次に主尺の目盛りとバーニアの目盛りが一致した箇所を探し、そこのバーニアの目盛り 0.50 mm を読む。これらを足して、

---

1) メートルの定義は、北極から赤道までの子午線の長さの1000万分の1、国際メートル原器 (1889～1960年)、クリプトン86の波長 (1960～1983年)、光速度による定義 (1983～現在) と変わり、それに伴って、日本の長さの標準も、日本国メートル原器 (1889～1960年)、クリプトンランプの波長 (1960～1983年)、ヨウ素安定化ヘリウムネオンレーザー (1983～2009年) と変更されてきた。
2) comb（櫛の歯）に由来する。

43.50 mm と読む。

(b) (a)と同様にして，主尺で 52.XX mm，バーニアで 0.55 mm と読んで，52.55 mm である。　■

スライダーの左端カットにある主尺目盛りを読んでしまう学生が多い。ノギスの読み方は，測定の基礎であるので会得しておこう。

例題3.2　マイクロメータの測定範囲は $10\,\mu\mathrm{m} \sim 100\,\mathrm{mm}$ で，ノギスより小さいものを測定対象とする。手軽で不確かさが $4\,\mu\mathrm{m}$ ほどと高精度である（図3.4）。スリーブには 1 mm 単位目盛りと 0.5 mm 単位目盛りがついている。シンブルは 1 回転すると 0.5 mm 移動し，そこには 50 等分した目盛りがついている。これが 0.01 mm 目盛りとなっている。

図の (a) と (b) の目盛りを読みなさい。マイクロメータ (a) と (b) は，目盛りの付け方が異なっている。

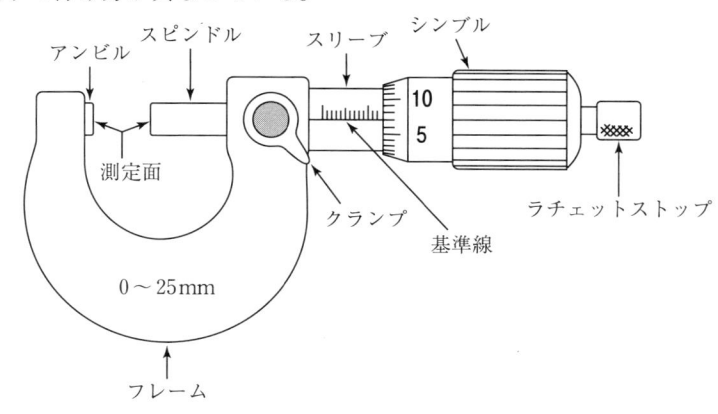

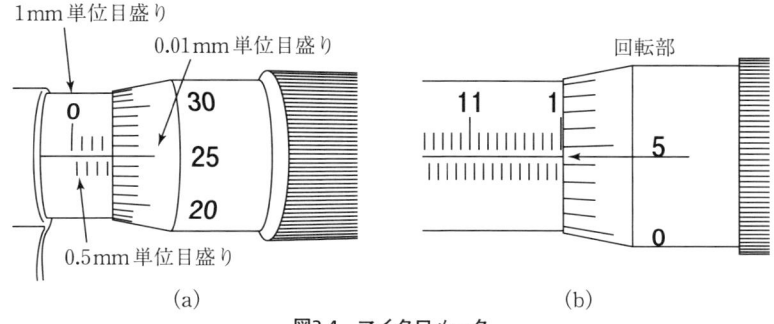

図3.4　マイクロメータ

解 (a) 1 mm 目盛り「3」，0.5 mm 目盛り「0.5」，0.01 mm 目盛り「0.25」なので，3.75 mm となる。0.5 mm 目盛りを読むことを忘れてしまうことが多いので注意が必要である。

(b) 1 mm 目盛り「12」，0.5 mm 目盛り「0」，0.01 mm 目盛り「0.045」なので，12.045 mm となる。

例題3.3 長さの測定の基準について，調べてみよう。

解 メートル原器や標準尺のような線基準 (line standard)，精度が規格化されている直六面体のブロックゲージや円筒形の基準棒ゲージなどの端面基準 (end standard)，それに精度の高い長さ測定として使用されている光波干渉測定法などの光波基準 (light wave standard) がある。これら基準の精度を比較すると，線基準や端面基準は 2×10^{-7}，光波基準は 4×10^{-9} とされている。なお，国際度量衡委員会が定めた光速基準の精度は 2×10^{-10} である。

3.2 ものの大きさ

身近なところから，長さ（距離）を考えてみる。

地平線

地平線は，平原または海が空と接する線のことをいう（海上に見える水面と空との境を，特に水平線という）。図 3.5 のように，地球の半径を R (= 6378 km)，平原に立っている人の眼の地上からの高さを h とすると，その人の視点から水平線までの距離 x はピタゴラスの定理より，

$$x^2 + R^2 = (R+h)^2$$

となる。これより，

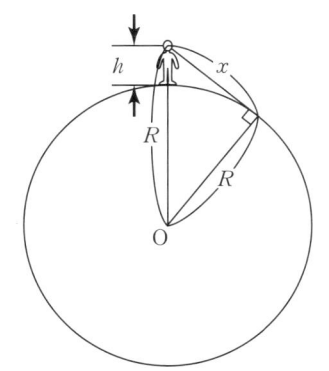

図3.5 地平線

$$x = R\sqrt{\frac{2hR + h^2}{R^2}} = R\sqrt{\frac{2h}{R} + \left(\frac{h}{R}\right)^2} \fallingdotseq \sqrt{2Rh} \quad (3.1)$$

となる。$h \ll R$ であるため，近似した。

人の目の高さ $h = 1.6\,\mathrm{m}$ とするなら，$x = 4518\,\mathrm{m} \fallingdotseq 4.5\,\mathrm{km}$ となる。立っている人の水平線までの距離はおよそ $4.5\,\mathrm{km}$ である。

地球の周長

　地球の大きさを知った最初の人は，アレクサンドリアのエラトステネス (Eratostheness，前 276 頃～前 194 頃) である。エラトステネスは，シエネ[3]では夏至の正午に井戸の底がしっかり見えるまでに太陽光が満たされているのに対し，アレクサンドリアではそうなっていないことに気がつき，アレクサンドリアで棒を立てて実験をした (図 3.6)。シエネは，およそ北回帰線 (23 度 26 分) 上に位置するため，夏至の正午に太陽は頭上にくる。幾何学者でもあるエラトステネスは，夏至の正午，アレクサンドリアでは太陽光は頭上から南に 7.2 度 (7 度 12 分) 傾いていることを日時計により測り，それとアレクサンドリア–シエネ間の距離から地球[4]の大きさを計算した。

　当時の距離の単位はスタディオンであった。1 スタディオンは，太陽がその視直径 (0.5 度) 分だけ移動した時間 (2 分間) に人が歩く距離で，約 $185\,\mathrm{m}$ である[5]。エラトステネスは，アレクサンドリア–シエネ間の距離を，1 日あたり 100 スタディオン移動するラクダが 50 日かかることより 5000

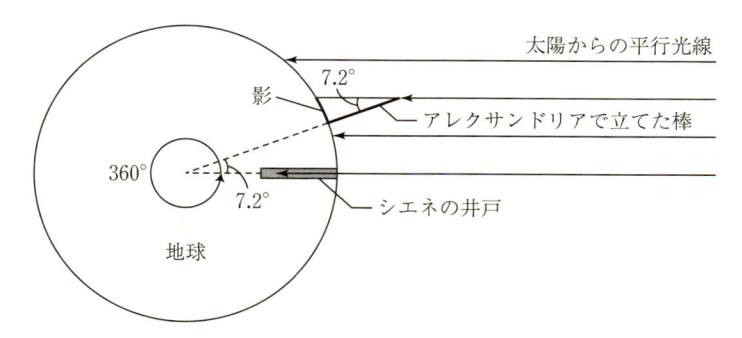

図3.6　エラトステネスによる地球の大きさの測定

---

[3]　シエネは，ギリシアの植民都市 (現在のアスワン) で，北緯 24 度 05 分，東経 32 度 55 分に位置している。アレクサンドリアは，アレクサンドロス大王 (前 356～前 323) が命名したエジプトのギリシア風都市で，北緯 31 度 12 分，東経 29 度 56 分に位置している。
[4]　地球という概念は，アリストテレス (Aristotele，前 384～前 322) が流布させた。

スタディオン，すなわち 925 km と見積もった。

エラトステネスは，これらより地球の周長を
$$5000 \times \frac{360}{7.2} = 25\,万スタディオン = 4.6\,万\,km$$
とした。地球の極周長は 39922 km だから，エラトステネスの値には 15% の不確かさがある。この不確かさは，①アレクサンドリア - シエネ間の距離の不確かさ，②アレクサンドリアは東経 29 度 56 分，シエネは東経 32 度 55 分なので，3 度 1 分ずれており同経度上にはないこと，それに，③シエネが北回帰線上になく，両市の緯度差は 7.2 度ではなく 7.42 度であること，などから生じている。しかし当時（約 2500 年前）の技術を考えれば，十分に優れた値だといえる。このことにより，エラトステネスは地球の大きさを知った最初の人となった。

地球は，太陽や月の潮汐力[6]を受けて変形を続けているため，厳密には形状を定めることはできないが，赤道半径 6378.136 km，極半径 6356.751 km で，偏平率がおよそ 1/298 の楕円体といえる[7]。

例題3.4 伊豆・天城山で太陽が正中（南中）していた同日同時刻において，真北に 334 km 離れている新潟市での太陽の高度は，天城山における高度とどれだけずれているか。地球の極周長を 40000 km として計算せよ。

解 $334 \div 40000 \times 360 = 3.006$ なので，高度差は約 3 度となる。■

月の大きさと月までの距離

エラトステネスは，地球の大きさだけでなく，月の大きさも測った。彼は，月食のとき，満月の隠れ方からその大きさを推測した。図 3.7 のように，満月が隠れ始めてから完全に隠れるまでの時間 T_1 と比べると，隠れ始めた月が地球の陰から出始めるまでの時間 T_2 は 4 倍であることに気づいた。すなわち，$T_2 = 4T_1$ である。これは，地球のつくる影が，月の大

---

5) 太陽は，1 日で天空を 1 周する。すなわち，0.5 度移動するには，2 分（$= 60 \times 24 \times 0.5/360$）かかる。人は 1 分で 80 〜 90 m 歩くので，2 分ではおよそ 185 m である。競技場 (stadium) のトラックの長さは，この 1 スタディオンに由来している。

6) 地球は大きさをもっているので，月や太陽からの重力が作用点の位置によって異なる。これにより生じる力を潮汐力という。

7) 自転による遠心力が赤道に近いところほど大きいため，回転楕円体といわれている。

きさの 4 倍であることを意味する。太陽の光を浴びた地球の影が月の軌道まで直線状であるとするなら，その影は地球の直径分 14600 km（= 46000 km ÷ 3.14）となる。月がこの 4 分の 1 であるなら，月の直径は 3650 km となる。

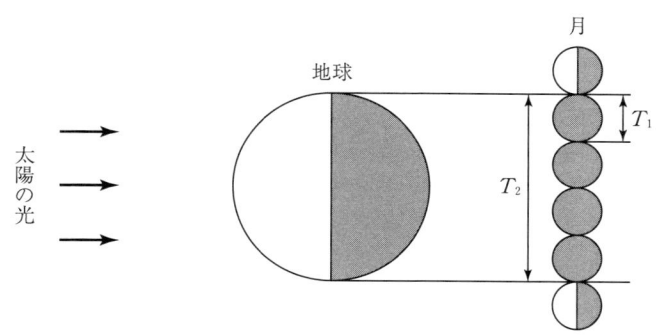

図3.7　エラトステネスによる月の大きさの測定

実際の月の直径は 3476 km（半径は 1738 km）で，誤差 5% と精度がよい。これは，地球の直径を 15% ほど大きく見積もっていたことによる。月軌道上につくる地球の影の径は，月のおよそ 3 倍であり，また影も地球の直径の 86% ほどと小さくなっている。

また，月までの距離は視直径から求め，月の直径の 100 倍とした。すなわち，365000 km で，誤差 5% である。正確な値を出したというより，およそ 2200 年前の人がこれだけの物理観をもっていたことに驚かされる。

現在の値を使って，この方法で月までの距離を求めてみる。月の半径 1738 km，月の視直径 0.518° で計算すると，

$$\frac{1738 \text{ km}}{\tan 0.256°} = 389000 \text{ km} \tag{3.2}$$

となる。月の軌道長半径は 384400 km であるので，誤差 1.2% で求められたことになる。

太陽までの距離

太陽までの距離は，エラトステネスより 50 年ほど前に生まれたアリスタルコス（Aristarchus, 前 320 頃～前 250 頃）が求めている。彼は，太

陽中心説を唱えた最初の人である。彼は，月の光は太陽の光の反射であると捉え，上弦あるいは下弦の月は，図3.8のように，太陽 – 月 – 地球を結ぶ線が直角三角形をつくると考えた。彼は，上弦の月から下弦の月までの日数と，下弦の月より上弦の月までの日数の差から計算し，上弦の月のときの月 – 地球 – 太陽の角度を87°とした。このような配置であるなら，地球 – 太陽の距離は地球 – 月の距離の19倍あることになる。これは，地球から見ると，太陽と月は同じ大きさに見えるので，太陽の大きさは月の19倍であることを意味する。アリスタルコスは，月の大きさを推測していて，太陽は地球より5倍ほど大きいと結論した（実際は109倍）。大地より大きな物体が天に浮かんでいることを奇異に感じたこともあって，アリスタルコスの説は当時の人に受け入れられなかったが，エラトステネスによって継承された。

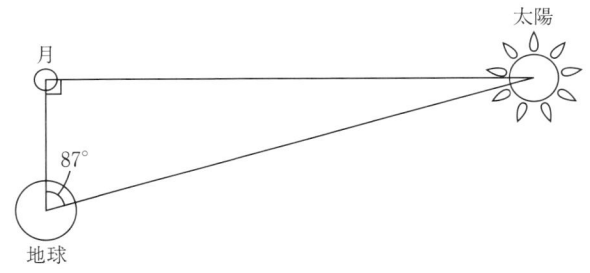

図3.8 アリスタルコスによる太陽までの距離測定

地球は太陽を1焦点とする楕円運動をしているため，太陽までの距離を地球の軌道長半径で表している。現在では，これは149597870 km（$1.49597870 \times 10^{11}$ m）と高い精度で求められており，月の軌道長半径384400 kmの約389倍にあたる。

物理で対象としている物質などの大きさを，ミクロなものからマクロなものへ順に，表3.1に示した。おおよそでも実感しておくとよい。

表3.1 さまざまな大きさ

電子の半径（古典電子半径[8]）	2.818×10^{-15} m
原子核	$10^{-15} \sim 10^{-14}$ m
水素原子の半径（ボーア半径）	5.292×10^{-11} m

電子顕微鏡の分解能	$\sim 10^{-10}$ m
DNA の直径	2×10^{-9} m
ウイルス	$\sim 10^{-8}$ m
バクテリア	$\sim 10^{-7}$ m
可視光の波長	$(3.8 \sim 7.8) \times 10^{-7}$ m
大腸菌	$\sim 2 \times 10^{-6}$ m
リンパ球	$\sim 10^{-5}$ m
毛髪の直径	6×10^{-5} m
人の身長	$(1.5 \sim 1.9)$ m
質量 M のブラックホールの半径	$(3M/M_\odot) \times 10^3$ m [9]
$1 M_\odot$ の中性子星の半径	10^4 m
月の半径	1.738×10^6 m
地球の半径	6.378×10^6 m
白色矮星の半径	$\sim 10^7$ m
木星の半径	7.1492×10^7 m
太陽の半径	6.96×10^8 m
地球の軌道長半径	1.496×10^{11} m
海王星の軌道長半径	4.504×10^{12} m
1 光年	9.46×10^{15} m
1 pc（パーセク）	3.086×10^{16} m
ケンタウルス座 α 星までの距離	4.16×10^{16} m
銀河系円盤部の半径	4.7×10^{20} m
アンドロメダ銀河までの距離	2.2×10^{22} m
ハッブル半径	$\sim 10^{26}$ m

3.3 　質量の定義

　1.2 節で学んだように，ラボアジエ [10] はメートル法の質量単位を制定するため，1 L の蒸留水の質量の精密測定を行った．ラボアジエは，フロギストン説 [11] を葬り去った燃焼理論（1770 年）を確立したことでも知られているが，一方で，「質量は，どんな反応過程においても，決して生成し

---

8)　古典電子半径は，$\dfrac{e^2}{4\pi mc^2}$ で求められる．

9)　$1 M_\odot$ は，太陽質量 1.989×10^{30} kg を意味する単位である．

たり，消滅したりすることはなく，ただ，ある物質から別の物質へ移動するだけである」という質量保存の法則の提唱者でもある。質量単位制定のための実験は，度量衡委員でもある彼の仕事であった。

ラボアジエの質量の精密測定が基となって，メートル法の質量基準器であるキログラム原器がつくられた。キログラム原器は，1799 年，4℃の純粋な水1 L のもつ質量と定義され，これと同質量の純粋な白金の分銅を確定キログラム原器とされた。その後，より精度を高めるために，白金 90 %，イリジウム 10 % の合金でつくられ，1889 年に開催された第 1 回国際度量衡総会で国際キログラム原器として決定された。これは，図 3.9 のように直径 39 mm，高さ 39 mm の円筒形をしている。キログラム原器は，メートルにおける光速度のように他に基準が（今のところ）ないため，現在でも 1 kg の基準となっている（注意：第 26 回国際度量衡総会において SI 改訂案が採択され，プランク定数は定義値とされた。1 kg は，このプランク定数により定義されることになった。2019 年の世界計量記念日（5 月 20 日）に施行された）。

図3.9 キログラム原器（産業技術総合研究所）

例題3.5 大学の実験室において，質量を正確に測定するには精密天秤がよく使われる。装置の概念図を図 3.10 に示す。基本的に丁寧に扱い，「作動」の状態で物をのせたり，手で触れたりしてはいけない。測定は，両皿に何ものせない状態で静止点を定め，それをゼロ点とする。秤量物を左に，

---

10) ラボアジエの主著は，『化学原論』(1789 年) である。徴税吏である彼は，フランス革命時に捕らえられ，処刑された。当時の知識人は「この首をはねることは一瞬だが，同じような頭をつくるには 100 年でも十分とはいえない」と嘆いた。ちなみに，Oxygen (酸素) はラボアジエの命名である。'Oxy' は，「酸っぱい」あるいは「するどい」を意味するギリシア語である。

11) シュタール (G.E. Stahl, 1660 〜 1734) が唱えた「物体の燃焼とは，その物体からフロギストンが逃げ出す現象である」とした燃焼を説明した理論。

分銅を右にのせて静止点を求める[12]。この静止点が，先ほど定めたゼロ点と一致していたら，秤量物は，誤差1 mg以下で分銅の質量に等しいことになる（通常，10 gから5 mgまで6種類の分銅が用意されており，5 mg以下はライダーで調節する）。

一般に，天秤の腕の長さは厳密に等しくはない。では，どのように測定すればよいか。

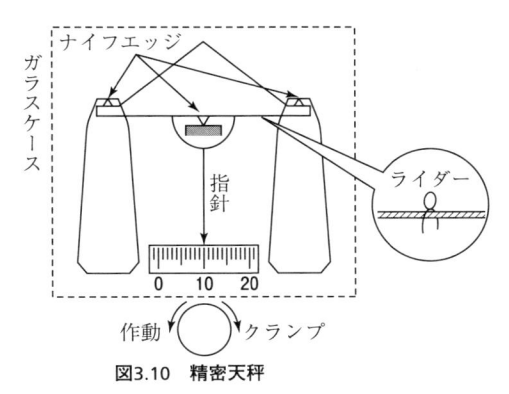

図3.10 精密天秤

解 天秤の両腕の長さは，わずかだが異なっている。まず，図3.11左図のように，左に秤量物，右に分銅をおいて測定すると，$M \times l_L = W_R \times l_R$ が成り立つ。また，秤量物と分銅の左右を入れ替えて測定すると，$W_L \times l_L = M \times l_R$ となる。これより，秤量物の質量は，$M = \sqrt{W_L \times W_R}$ となる。この測定法を二重秤量法という。∎

質量には，運動の変化のしにくさ（物体の慣性の大きさ）を表す慣性質量と，重力を受ける（あるいは重力を及ぼす）重力質量との2つがある[13]。キログラム原器で定められる質量は重力質量である[14]。実験によれば，慣性質量と重力質量の比はすべての物体について一定である[15]。その比例係数を1として再定義すれば，慣性質量と重力質量は等しいと表

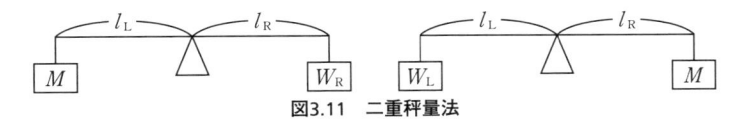

図3.11 二重秤量法

---

12) 利き手を右にとして，説明した。左利きの場合は左右を逆にする。

現できる。この相等しい値を単に質量という。また，重力質量の大きい（大きな重力を受ける）ものほど，慣性質量が大きい（同じ力を受けたとき運動が変化しにくい）ことを等価性という。

物理で対象としている物質などの質量を，ミクロなものからマクロなものへ，順に表 3.2 に示した。大きさ同様に，おおよそでも実感しておいていただきたい。

表3.2 さまざまな質量

電子	9.10938×10^{-31} kg
陽子[16]	1.67262×10^{-27} kg
原子質量単位	1.66054×10^{-27} kg
ウラン原子	3.952×10^{-25} kg
赤血球	$\sim 10^{-13}$ kg
マウス	3.6×10^{-2} kg
チンパンジー	38 kg
インド象	3.8×10^{3} kg
桜島の噴出量	3×10^{12} kg
富士山	$\sim 10^{15}$ kg
月	7.348×10^{22} kg
地球	5.974×10^{24} kg
木星	1.898×10^{27} kg
太陽	1.989×10^{30} kg
シリウス	4.26×10^{30} kg
銀河	$(10^{41} \sim 10^{42})$ kg
宇宙	$\sim 10^{52}$ kg

---

[13] ニュートンの運動方程式 $F = ma$ にかかわる質量が慣性質量で，万有引力の法則 $F = G\frac{Mm}{r^2}$ にかかわる質量が重力質量である。

[14] 身近な物質の質量は，重力質量が測られている。しかし，電子などのミクロな物質や天体などのマクロな物質は，慣性質量が測定される場合が多い。

[15] ニュートンは，振り子の実験によって，慣性質量と重力質量の比が物質によらず一定であることを実験的に示している。彼は，このことを『自然哲学の数学的諸原理（プリンキピア）』(1687年) 第3編命題6, 定理6の項に記載している。彼の試みた物質は，金，銀，鉛，ガラス，砂，通常の塩，木材，水，小麦である。

[16] 陽子の質量は，電子の質量のおよそ 1836 倍である。覚えておこう。

10分補講

天才の閃き

重力の理論である一般相対性理論は，この等価性を原理として構築されている。アインシュタイン（Albert Einstein, 1879～1955）は，特殊相対性理論（1905年）完成後，重力場での相対性理論（一般相対性理論）を構築するために大いに苦しんだ[17]。

一般相対性理論は，1916年に完成したが，等価原理は1907年から1911年までの論文に何度か登場している。彼は，①重力質量と慣性質量の等価性，②一様な重力は一様な加速度からなる外力と区別がつかない，という2つのことを主張して，これらを基本的要請とすべく原理とした。これが等価原理である。②の発想をアインシュタインは「わが生涯で最も素晴らしい考え」と述べている。

このことを，京都帝国大学[18]での講演『如何にして，私は相対性理論を創ったか』において，「ベルンの特許局での仕事中（1907年），突然，『人が自由落下したら，その人は自分の重さを感じないに違いない』という考えが浮かびました。私は，はっとしました。このシンプルなアイディアが，実に，深く強い印象を与えました。この感激が，私を，重力理論へと進ませたのです」と語っている。

アインシュタインが，自らの発想を大切にしたことがわかる。

3.4　密度の階層

密度 ρ は，質量 m を体積 V で割った量

---

[17] アインシュタインは，1912年10月29日付のゾンマーフェルト（A. J. W. Sommerfeld, 1868～1951）に宛てた手紙に，「もっぱら重力の問題に携わっています。…これまで，これほど一所懸命に仕事に精を出したことは決してありません。…この問題に比べれば，最初の相対論（特殊相対論のこと）は子どもの遊びです」と記している。

[18] アインシュタインは1922年11月17日から12月29日までの43日間，日本に滞在した。京都帝国大学での講演は12月14日であった。

$$\rho = \frac{m}{V} \tag{3.3}$$

である。単位は，通常，固体と液体は g/cm³ ($= 10^3$ kg/m³) で表し，気体は kg/m³ で表す (ただし，天体の物質密度は g/cm³)。水の密度は，1 気圧・3.98℃ において最大で 1.00000 g/cm³ である。これを基準にして，大きさを考えるとよい。

表 3.1 と表 3.2 を用いて，地球を球体として，その平均密度 ρ_E を計算すると，

$$\rho_E = \frac{5.974 \times 10^{27}\,\text{g}}{\frac{4}{3}\pi(6.378 \times 10^8)^3\,\text{cm}^3} = 5.50\,\text{g/cm}^3 \tag{3.4}$$

となる[19]。地表にある物質の密度は，セメント 3 g/cm³，ガラス 2.5 g/cm³，砂 1.6 g/cm³，木 0.5 g/cm³ ほどであるので，平均密度 5.5 g/cm³ にはおよばない。地球は中心に向かっていくと密度が大きくなっていることが予想される。実際，地殻 2.7 g/cm³，上部マントル 3.5 g/cm³，下部マントル 5.5 g/cm³，外核 12 g/cm³，内核 14 g/cm³ と深部に向かうにつれて密度は高くなっている。

空気の密度は，およそ水の約 1/1000 である。乾燥した空気の密度は，1 気圧・0℃ で 1.293 kg/m³ ($= 1.293 \times 10^{-3}$ g/cm³) である。湿った空気はこれより 2% ほど小さい。

表 3.3 に身近な物質の密度を示した。大きさ，質量同様に，おおよそでも知っておいていただきたい。

表3.3 いろいろな物質などの(平均)密度

原子核	2.8×10^{14} g/cm³
水素原子	2.70 g/cm³
空気	1.29×10^{-3} g/cm³
二酸化炭素	1.98×10^{-3} g/cm³
水	1.00 g/cm³
岩石	2.8 g/cm³
鉄	7.86 g/cm³
金	19.3 g/cm³

---

[19] 赤道半径を用いたため，実際の値 (5.52 g/cm³) より小さな値となる。

月	3.34 g/cm^3
地球	5.52 g/cm^3
木星	1.33 g/cm^3
太陽	1.41 g/cm^3
白色矮星（$1M_\odot$）	2×10^6 g/cm^3
中性子星（$1M_\odot$）	5×10^{14} g/cm^3
ブラックホール（$3M_\odot$）	2×10^{16} g/cm^3
銀河	4×10^{-28} g/cm^3
宇宙	10^{-29} g/cm^3

3.5　時間の定義

　時間の単位は秒（s）である。1秒は，「セシウム133（^{133}Cs）の基底状態の2つの超微細準位間の遷移に対応する放射の9192631770周期の継続時間」と定義されている。この定義は，1967年10月，第13回国際度量衡総会で採択された。これ以前では，秒は日や年から定められていた。

　時計の精度と比べ，地球の自転が一定不変としてもよいとされていた時代は，時間の基準は'日'で，1秒は平均太陽日[20]の1/86400とされていた。もちろん，月や太陽との潮汐作用を主な原因として，地球の自転は一定不変ではなく，およそ100年間で1日あたり1.7 ms秒の割合で遅くなっている。すなわち，1世紀前ごとに1日の長さが0.0017秒長くなっている。1954年の国際度量衡総会では，年（1太陽年）[21]を採用することになった。しかし，この方式は長くは続かなかった。時計の精度の進歩が速く，天体を用いて時間を定義することが難しくなってきた[22]からである。時間は，時計と暦で測られる。ここからはこの2つに着目してみる。

---

[20]　太陽が子午線を通過してから次に通過するまでの時間を太陽日という。地球は楕円軌道を運動しているため，地球から見て，太陽は1年を通して一様な速度で動いていない。天球上の赤道を等速で運動する仮想太陽を考える。この仮想太陽を平均太陽といい，この平均太陽の太陽日を平均太陽日という。

[21]　太陽年は，回帰年のことである。回帰年は，太陽が天球上の春分点を通過して次に通過するまでの時間である。1太陽年 = 365.242 × 平均太陽日。

[22]　地球の自転も公転も，正確には遅くなっている。

時計

　時計の歴史は，日時計に始まる。古代エジプトの影時計は，BC1450年ほど前に使われていた。その後，水時計，砂時計，ローソク時計などが使われた。13世紀末，紐に吊るしたおもりが落下していく力を利用して，歯車を動かす機械時計が出現した。これは一定の時間間隔で，規則的に落下するように機械で調整できた。誰が発明したのかはわかっていないが，最初に使用されたのは修道院である。神に祈りを捧げる正確な時刻を知る必要があったためである。機械時計が公共用時計となったのは，14世紀中頃であった（ミラノにある機械時計は1335年に製作された）。

　ガリレオが振り子の等時性を発見したのは1583年である。当時，ガリレオはピサ大学の学生であった。彼は，この法則を応用して振り子時計の製作を試みたが失敗に終わった。これを完成させたのは，光の波動説で知られるホイヘンス（Christiaan Huygens，1629～1695）であった。ホイヘンスは，振り子が等時性を保つにはサイクロイド曲線に沿った振動が重要であることに気づき，1657年に完成させた（1667年特許取得）。この振り子時計の出現で，時計の精度は50倍以上も向上した。1日あたりの歩度（時計の進み）の狂いを日差という。振り子時計の日差は10秒ほどである。それまで普及していたほとんどの機械時計の日差は15分ほどであった（このため文字盤にある針は1本であった）。温度によって振り子の長さが変化してしまうなど，振り子時計にも問題があったが，温度変化を補正する振り子が発明（1715年）されて解消された。

　振り子時計のほかに，ばねの弾性変形の復元力を利用したゼンマイ時計があるが，これにもホイヘンスが関わっている。彼は，ヒゲゼンマイ時計を1675年に発明している。ゼンマイ時計にも，振り子時計同様，ゼンマイが温度の影響を受けるといった欠点がある。この時計に温度補正を加えたのが，ハリソン（John Harrison，1693～1776）のクロノメーターである（1753年）。クロノメーターは，6週間の航海にもかかわらず5秒しか狂わなかった（日差0.12秒）。

　結晶に圧力を加えると電気が発生する圧電気（ピエゾ電気）を発見したのは，ジャック・キュリー（Jacques Curie，1856～1941）とピエール・キュリー（Pierre Curie，1859～1906）の兄弟である[23]。石英の圧電効

果を利用して高精度の周波数を発振する水晶振動子が1921年につくられると，すぐにクォーツ時計が発明された (1927年)。このクォーツ時計の日差は1 msほどである。

1949年，クォーツ発振器の周波数を校正する原子周波数標準器がつくられた。これをクォーツ時計に装着したのが原子時計である。現在，多く用いられているのが，セシウム原子時計である。この日差は10^{-8} sである。精度がこれほど高まったことにより，1秒の定義も変えなくてはならなくなった。

暦（こよみ）

暦は，時を区切った予定表であり，未来予測表としての役割を担っている。時を区切ってくれるのは，身近な天体である太陽と月であった。

'calendar' は，ラテン語の 'calo'（呼び集める），'calendae'（月を呼んだ日）を語源としている。新月（朔（さく））は1日[24]（ついたち）を表していたことを考えると納得しやすい。月の満ち欠けが，時を区切ったのである。農耕民族にとって種を蒔く・田植えをする時期，それに川が氾濫する時期を知ることは死活問題である。古代エジプトでは，狼星（シリウス）が太陽と一緒に昇る日にナイル川が氾濫することを知っていた（この氾濫は上流の栄養分を運んでくれるため土地を豊かにしてくれるが，農作業はできない）。この重要な星を観測するうちに，太陽年が365日と1/4日であることを知った。神官が，この1/4を採用しなかったことが，エジプト暦に狼星周期というずれを生じさせた。狼星周期は，1460日に1日のずれであるが，これを暦に採用したのはプトレマイオス3世（在位BC246～BC222）である。彼が4年に1度，余分な1日を加えた閏年を定めた。1/4日の発見は，3000年以上も無視されていたのである。

現在の暦は，グレゴリオ暦である。これはローマ教皇グレゴリウス13世（Gregorius XIII, 1502～1585, 在位1572～1585）が制定した暦である。

---

23) ピエールは，キュリー夫人の夫として知られているが，結婚以前より業績豊かな物理学者であった。
24) 朔日は「ついたち」と読む。朔は，月＋屰からなり，月が1周してもとの位置に戻ったことを示している。また，「ついたち」の読みは，「月立ち」の音便である。

1582年2月24日に発布されて,同年10月4日(木)の翌日を10月15日(金)として実施した。規則は,「①西暦が4で割りきれる年は閏年,②ただし,100で割りきれる年は平年,③ただし,100で割りきれる年でも400で割りきれる年は閏年」である。加える1日は,ローマ暦では3月を年初としていた[25]ため,最期の月である2月とした。

例題3.6 1900年は閏年か,また2000年は閏年か。

解 1900年は4で割りきれるが,100でも割りきれるため平年である。2000年は4で割りきれ,100でも割りきれるが,400でも割りきれるので閏年である。 ■

日本がグレゴリオ暦を採用したのは,1872年(明治5年)である。この年の12月2日の翌日を1873年(明治6年)1月1日とした。この年に実施したことには,いろいろな理由がある。旧暦のままだと明治6年は閏月があって13か月となる。財政切迫で官吏の給与を13か月分支払うことは困難であったため,この年を1か月飛ばしたとも言われている。なお改暦に伴い,明治5年の12月は2日しかないため,官吏への給与は支払われなかった。

週が暦に登場したのは,429年のことである。7日ごとに区切ったことは,周りの星の規則正しい動きとは無関係な5惑星,それに太陽と月を加えた7つの天体に由来している。しかし,日,月,火,水,木,金,土という順序はどこから生じたのだろうか。古代エジプトでは,遠くの方が天に近いためと尊いと考え,これらを遠い順に並べた。当時のデータでは,遠い順に土星,木星,火星,太陽,金星,水星,月であった。この順序で各日を1時間ずつ支配する天体を定めると,第1日目の第1時間は土星,第2時間は木星,…,第24時間は火星となる。このため,第2日目の第1時間は太陽,第2時間は金星,…,第24時間は水星となる。すなわち,第3日目の第1時間は月,…,と同様にして,第4日目の第1時間は火星,第5日目の第1時間は水星,第6日目の第1時間は木星,第7日目の第1時間は金星となる。これで各1日の第1時間目を支配する天体が定まったことになる。これで順序は,土星,太陽,月,火星,水星,木星,金星と

---

[25] 3月を年初としていたことは,Septemberが7,Octoberが8,Novemberが9,Decemberが10を意味するラテン語に由来していることからもわかる。

なった．日曜日が休日となり，週の始めとなったのは，4世紀，コンスタンティヌス1世（Constantinus，272～337）が日曜日を'主の日'と定めたことによる（キリストが十字架にかけられたのが金曜日，その3日目（日曜日）に復活したことによる）．

10分補講

時間とは何だろうか

時間とは何だろうか．それは，そう質問される直前まではわかっていたが，これを誰かに説明しようとすると，とたんにわからなくなる．

神学者アウグスティヌス（Aurelius Augustinus，354～430）の言葉である．確かに，時間には説明を問われる前までは，誰もがその言葉が何を意味しているかを知っているばかりか，直感的にすら理解していると感じさせてしまう奇妙な性質がある．

運動やものの変化を捉えるための時間は，より正確な座標の追究である．この章で学んだ時計や暦もそうである．しかし，アウグスティヌスの言葉のように物理学における時間においても難問がある．なぜ，時間には向きがあるのだろうか．弓から放たれた矢のように，過去―現在―未来へと一方の向きに向かっていて，この向きが逆転することはないとされているのはなぜだろうか．高速で運動している物体や強い重力場にある物体の時間は遅れるが，時間を止めてしまうことは可能なのだろうか．過去への時間旅行は可能なのだろうか．過去は変えられるのだろうか．そもそも'時間は流れている'という表現は物理学的に正しいのか，などなどと，興味は尽きない．

章末問題

3.1 標準状態（0℃, 1気圧の状態）にある気体1 molの体積は気体の種類によらず22.4 L (2.24×10^{-2} m^3) であること，それに1 molに含まれる分子の数はアボガドロ定数（6.02×10^{23}）個であることを用いて，分子間距離を求めよ。

3.2 等間隔で目盛りを付けた台形の板を，図3.12(a)のように糸で吊るすとつり合った。この板に図(b)，図(c)のようにおもりを吊るしたところ，いずれもつり合った。板の質量と図(c)のxを求めよ。

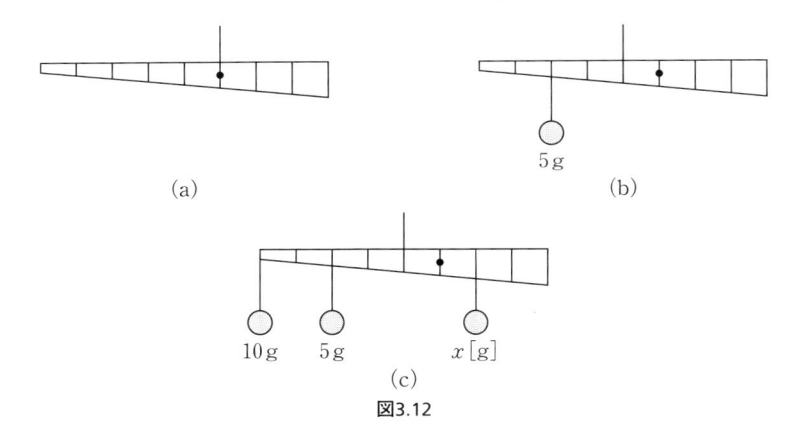

図3.12

3.3 長さ1 m，質量60 gの一様な棒と質量100 gの皿，200 gのおもりを使って，次の図のような竿秤を作った。皿に何ものせないときのおもりの位置を0とする。10 gの物体をのせたときを1とし，20 gの物体をのせたときを2というように目盛りをつけた。
(a) 目盛りの間隔はいくらか。
(b) ある物体を皿にのせたところ，下げ緒から右61 cmのところにおもりを吊るすとつり合った。この物体の質量はいくらか。
(c) この竿秤は，何gまで量ることができるか。

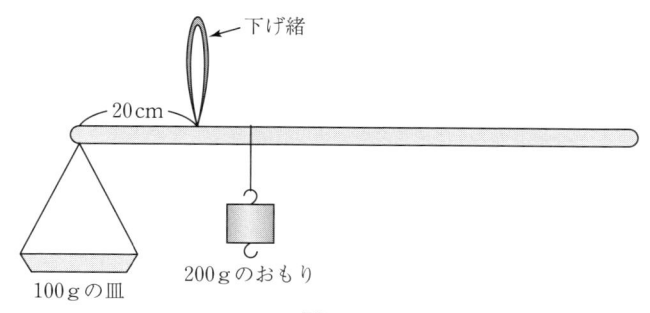

図3.13

- 下げ緒
- 20 cm
- 200 g のおもり
- 100 g の皿

3.4 太陽の平均密度 ρ_s を計算しなさい。

3.5 西暦 y 年 m 月 d 日が何曜日であるかは，
$$\omega = \mathrm{mod}\, 7\left\{[1.25y] - \left[\frac{y}{100}\right] + \left[\frac{y}{400}\right] + \left[\frac{26m+16}{10}\right] + d\right\}$$
を計算することにより求めることができる。ただし，1月と2月は前年の13月，14月とする。記号 $\mathrm{mod}\, 7$ は，右にある $\{\cdots\}$ を7で割った余りを示す。例えば，$\mathrm{mod}\, 7\,\{15\} = 1$，$\mathrm{mod}\, 7\,\{10\} = 3$ である。記号 $[x]$ はガウス記号である。これは，$n \leqq x < n+1$ のとき，$[x] = n$（n は整数）という規則の記号である（x を越えない最大の整数）。$\omega = 0$ が日曜日，$\omega = 1$ が月曜日，$\cdots$，$\omega = 6$ が土曜日を示す。この式を，ゼラー（Zeller）の公式という。

ゼラーの公式を用いて，アインシュタインの誕生日1879年3月14日は何曜日か求めよ。また，湯川秀樹の誕生日1907年1月23日は何曜日か求めよ。

第 4 章

物理定数は、自然現象を記述するに不可欠な数（物理量）である。ここでは，万有引力定数 G，光速度 c，電気素量 e，そしてこれらに関わる物理法則と歴史を学ぶ。

物理定数

4.1　万有引力定数 G

質量 M の物体と質量 m の物体が距離 r 離れているとき，これらの間に作用する力 F は，万有引力の法則により，

$$F = G\frac{Mm}{r^2} \qquad (4.1)$$

と表される。ここでの定数 G を万有引力定数，あるいは重力定数という。その値は，

$$G = (6.6742 \pm 0.00015) \times 10^{-11}\,\text{N}\cdot\text{m}^2/\text{kg}^2$$

である。この法則は，ニュートンにより発見され，彼の著書『プリンキピア』[1]（1687 年）に記載されている。『プリンキピア』は，第 1 編「物体の運動」，第 2 編「抵抗のある媒質中の物体の運動」，それに第 3 編「世界の体系」からなる。万有引力の法則は第 3 編にある[2]。

---

[1]　『プリンキピア』は略であり通称で，正しくは『自然哲学の数学的諸原理』である。
[2]　ニュートンは，23 歳の頃，ペストのため大学が閉鎖され，故郷ウールスソープに戻っていた。彼が庭のリンゴの木陰に座って考えにふけっていたとき，リンゴが落ちたことから万有引力という考えが突然閃いた。これは，「リンゴは落ちるが，月はなぜ落ちてこない」の発想とともによく知られている話である。これらはニュートンが老年期に語った思い出話である。

ニュートンは，万有引力の大きさが距離の2乗に反比例することを，木星と木星の衛星，土星と土星の衛星，地球と月，太陽と惑星（木星，土星，地球）のデータと，第1編のケプラーの法則[3]をもとに論じた求心力の命題から導いている。また，質量が重さに比例することを示し，万有引力が質量に比例することを証明している。

例題4.1 ケプラーの法則を用いて，式 (4.1) を導きなさい。ただし，惑星運動は太陽を中心とした円軌道上と近似できるものとする。

解 惑星の円軌道の半径を r とすると，ケプラーの第2法則より，惑星の運動は等速円運動となる。惑星は，太陽からの万有引力 F を受けて，加速度 a で円運動する。周期を T とすれば加速度 a は，

$$a = r\omega^2 = r\left(\frac{2\pi}{T}\right)^2$$

となる（ω は角速度）。惑星の質量を m とすれば，運動方程式は，

$$F = mr\left(\frac{2\pi}{T}\right)^2 = 4\pi^2 \frac{mr}{T^2}$$

と書ける[4]。一方，ケプラーの第3法則は，

$$\frac{T^2}{r^3} = k$$

と表現できる。k は定数である。これより，

$$F = 4\pi^2 \frac{mr}{kr^3} = \frac{4\pi^2}{k} \cdot \frac{m}{r^2}$$

が得られる。

万有引力 F は，太陽の中心から惑星の中心までの距離 r の2乗に反比

---

[3] ケプラー（Johannes Kepler, 1571 〜 1630）は，3つの法則からなる惑星の運動の法則を発見した。第1法則「惑星は太陽を1焦点とする楕円軌道を描く」と，第2法則「惑星の面積速度は一定である」を『新天文学』（1609年）で発表した。第3法則「惑星の長半径の3乗と周期の2乗の比は一定である」は，10年後刊行の『世界の調和』（1619年）で発表した。これら3つの法則をケプラーの法則という。

[4] ニュートンの運動の第2法則のことである。これは，運動の変化（運動量の変化）は及ぼされる力 F に比例する，というものである。加速度を a とすれば，運動量の変化は ma と書けるので，第2法則は，$F = ma$ となる。これを運動方程式という。

[5] ニュートンの運動の第3法則（作用・反作用の法則）は，「2物体相互の作用は常に相等しく逆向きである」である。これは，「作用に対し反作用は常に逆向きで相等しい」とも表現できる。

例し，惑星の質量に比例している。2体間の作用は作用・反作用の法則[5]に従うため，太陽も同じ大きさの力を受けることになる。このことより，万有引力 F は太陽質量にも比例していることがわかる。すなわち，太陽の質量を M とすれば，

$$F \propto \frac{Mm}{r^2}$$

となる。比例係数を G とすれば，

$$F = G\frac{Mm}{r^2}$$

が導ける。多くの高校教科書は，この方法で説明している。 ■

例題4.2 月までの距離は地球の半径の何倍か。恒星月（月が地球の周りを1周するのに要する時間）を 27.3 日，地球の半径を 6.38×10^6 m として計算せよ。

解 万有引力を受けて，質量 m の月が質量 M の地球の周りを半径 r で等速円運動するので，

$$G\frac{Mm}{r^2} = mr\left(\frac{2\pi}{T}\right)^2$$

が成り立つ。これより，

$$r^3 = \frac{GM}{4\pi^2}T^2$$

となる。地球の半径を R とすると，重力加速度 g は，

$$g = \frac{GM}{R^2} = 9.80 \text{ m/s}^2$$

なので，

$$r^3 = \frac{gR^2}{4\pi^2}T^2 = 56.3 \times 10^{24} \text{ m}^3$$

である。これより，$r = 3.83 \times 10^8$ m $= 60.0R$（60倍）となる。 ■

『プリンキピア』第3編命題7・定理7において，「すべての惑星は互いに重力を及ぼし合い，その大きさは，各惑星の中心からの距離の2乗に反比例し，物質量（質量）に比例すること」は記されてはいるが，式で表現されていない。式 (4.1) を明記したのは，キャベンディッシュ（Henry Cavendish, 1731～1810）[6]である。

キャベンディッシュは，1797年，地球の平均密度を測定する実験を開始した。実験装置は，王立協会[7]同期生の司祭ミッチェル（John Michell, 1724～1793）[8]が考案・製作したものを受け継ぎ，それを改良したものである。図4.1が，その概念図である。アームに吊るした直径5 cmほどの小球が，直径30 cmほどの大球との引力により引かれ，小球の吊り線がどのくらいねじれるかの角度を，壁に取り付けてある望遠鏡で読み取る。2つの球の間に働く引力は極めて小さい。このため，どのような擾乱も実験に影響する。空気の乱れを防ぐため実験装置をレンガで閉じ，温度変化を起こさないよう人が入らずに操作できるように工夫した。図4.2は，この実験装置の概念図である。

この実験より万有引力定数Gが求められると，地球の平均密度ρは，

$$\rho = \frac{M}{V} = \frac{\frac{R^2 g}{G}}{\frac{4}{3}\pi R^3} = \frac{3g}{4\pi RG} \tag{4.2}$$

により求められる。ここで，地球の質量をM，体積をV，半径をRとした。

キャベンディッシュは，$\rho = 5.48 \text{ g/cm}^3$と結論した。これは現在の値$5.52 \text{ g/cm}^3$と0.7%の誤差である。また，彼が求めた$G$は，$6.75 \times 10^{-11} \text{ N·m}^2/\text{kg}^2$で，現在の値と1.14%の誤差である。

例題4.3 キャベンディッシュが使った大球（質量160 kg）と小球（質量0.730 kg）の距離が10.0 cmであったとする。これらの間に働く万有引力

---

[6] キャベンディッシュほど，深く思考する知的な頭をもち，鋭く観察する目と実験のための器用な手をもった人はほとんどいない。しかし，彼ほどの変わり者も稀である。彼の伝記を書いた化学者ウィルソンは「キャベンディッシュは一連の否定形によってのみ記述することができる。彼は人を愛さなかった。彼は人を嫌わなかった。彼は希望をもたなかった。彼は恐れなかった。彼は，他の誰もがする何かを崇拝しなかった。仲間たちからも，神からも距離を置いていた。切実さ，熱意，勇敢さ，騎士道精神などは彼の性格にはなく，これらと同程度に，下品さ，卑しさ，あさましさなどもなかった」と表現している。

[7] The Royal Society。王立といっても王が設立したわけではなく，王が認めた学会である。ニュートンは1703年に第12代会長となり，亡くなるまでその地位にいた。世界最古の学会でもある。

[8] 地球の重さを測定しようとした地質学者でもあるが，太陽の数百倍の大きさの星が存在するなら，光は万有引力のためそこから出ることができない（ブラックホールの予言）と言ったことでも知られている。

第 4 章　物理定数

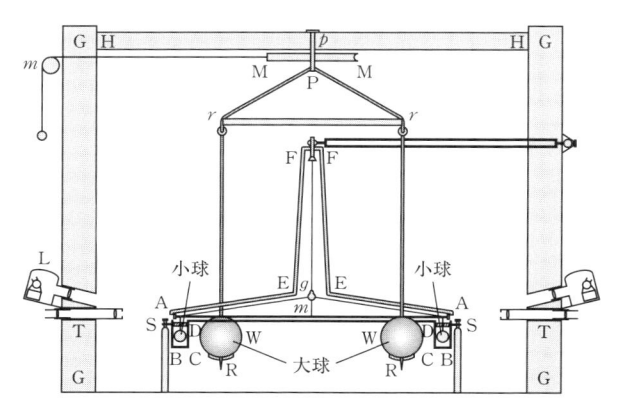

図4.1　キャベンディッシュの実験装置

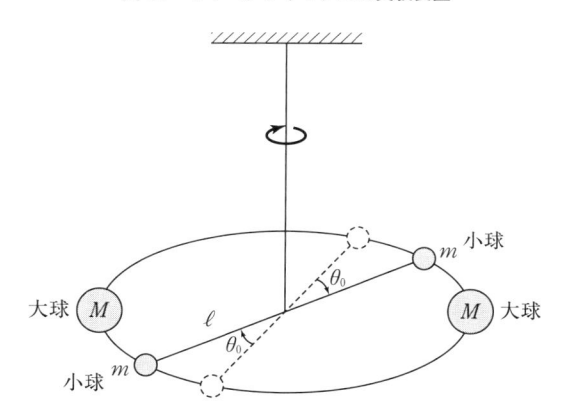

図4.2　吊り線がねじれの角度を測定する

F を求めなさい。

解　$F = 6.67 \times 10^{-11} \times \dfrac{160 \times 0.730}{(0.100)^2} = 7.79 \times 10^{-7}\,\mathrm{N}$

彼の検出した力は，みかん 1 個にはたらく重力（約 1 N）のおよそ 100 万分の 1 である。いかに，小さな力の検出であったかがわかる。　∎

4.2 光速度 c

ガリレオの光速度測定

　光速度は，およそ 30 万 km/s である。これは，どのようにして求められたのであろうか。ガリレオは，光の速度が有限であることを確かめる実験をしている。その実験が，彼の著『新科学対話』(1638 年) のなかに記されている[9]。まず，光速度が有限であるかどうかの議論を引用する。ここから，ガリレオの思考を辿ってほしい。

サグレド　　…，この光の速さはどんな種類の，そしてどんな大きさのものと見做さねばならないでしょうか。それは同時的または瞬間的のものでしょうか，それとも他の運動のように時間を要するものでしょうか。実験でこれを決せることはできませんか。

シンプリチオ　日々の経験は，光の伝播が同時的である事を示しています。非常に遠方で大砲が発射されるのをみますと，音響はかなりの時間が経った後でないと耳に入りませんが，閃光は分秒をも移さずに私たちの眼に入りますからね。

サグレド　　いいや。シンプリチオ君，この始終見慣れている経験から推して言えることは，音は光よりもっと時間を要するということだけです。それは光の到達が同時的であるか，または非常に速いにしてもやはり時間を要するかについては全然教うるところがありません。この種の観察は「太陽が地平線に現れるや否やその光は吾々の眼に達する」というような観察以上に何事も私たちに語ってはいないのです。この場合，太陽の光線は私たちの眼に入るより以前には地平線に達していなかった，と誰が断言できましょう。

---

[9]　『新科学対話』の邦訳は，上・下 2 冊からなり，岩波文庫として出版されている。翻訳は今野武雄と日田節次によるもので，上は 1937 年，下は 1948 年に発行されている (訳書の題は「対話」となっているが，「論議」とした方が原題に忠実であろう)。ここでの引用文は，ほぼそのままとしたが，仮名づかいと旧字体を現代のものに直した。

第4章 物理定数

　アリストテレス哲学の信奉者であるシンプリチオ，洗練された教養を身につけているサグレドとの対話である。サグレドは，光速度が有限だとしても，日常の経験から，その証拠を得る手立てをもっていないことを述べている。この対話に，ガリレオ扮するサルヴィヤチが測定法を述べている。

サルヴィヤチ　そんな観測法では正確に決定できないものですから，私はかつて，光輝，すなわち光の伝播が果たして同時的なものであるかどうかを——音の速さがかなり大きいという事実から，光の速さがかけ離れて大きくなくてはならないとは断言できます——正確に決定できるような方法を考え出すに到りました。その実験は次のようなものです。
　2人の人に銘々，手を置けば光が相手に見えなくなり，手を離せば相手に見えるように出来ている提灯か何かの容器に入れた光を持たせます。次に2人を2，3キュービット[10] 離れて向かい合って立たせ，相手の光を見た瞬間に自分の光の覆いが除かれるよう，その開閉に熟練するまで練習させます。2，3度試みればその光の応答は非常に速くなって，錯覚を起こすことなく一方の光の覆いが除かれるとすぐに他方の覆いが除かれ，それで1人が自分の光を曝せば，それと同時に他方の光を見ることができるようになります。これを短距離で熟練してから，前のように仕度した2人の実験者を夜分2，3哩(マイル)[11] も離れた所に立たせて，この同じ実験を行い，この光の曝露と遮断が短距離と同じテンポで行われているかどうかをよく注意して見分けさせます。もし同じ速さであったら光の伝播は同時的であると決定して差し支えないでしょう。また，もし時間がかかるとしたら，3哩の距離は，此方の光が行って向うのが帰ってくることを考えれば，実際には6哩にあたるのですから，

---

10)　1キュービットは，およそ 45.72 cm である。
11)　1マイルは，およそ 1609 m である。

> その遅れは容易に目につくはずです．もしこの実験をもっと遠い，たとえば8哩か10哩の距離で行うと思えば，銘々の観測者が夜分の実験所で度を正確に合わせておいて望遠鏡を使えばよいでしょう．そうすれば光が大きくなくて，そのためこんな遠距離では肉眼には見えなくても，一度望遠鏡の度を合わせて固定してさえおけば，容易に見られるのですから，手早く覆いをかけたり，除いたりすることができます．

ここには実験の醍醐味がある．歴史に残る実験には，①基本的であること，②効率的であること，③決定的であること，のいずれか1つが必ずある[12]．光の速度を求めることは物理学の基本の1つである（現在においては長さを定義しているのでなおさらである）．また，この試みにより光速度が無限ではないと結論できたのなら，決定的でもある．それに距離を変えて測定し，その変化を調べるところが面白い．しかし，この手法では光の速度は求められなかった（効率的ではなかった）．たとえ2人の距離が10マイルであったとしても，光は0.00005秒ほどで届いてしまう．人の反応時間は0.2秒程度であるので，この4000倍ほどの距離（約6万km）がなくては，いくら熟練しても測定には無理がある．6万kmは，地球の直径のおよそ5倍あるので，この方法を用いて測定する場所は地上にはない．ガリレオは，次のようにサグレドとサルヴィヤチを使って語っている．

サグレド　　　なるほど，巧みな信頼のおける実験ですね．ですが貴方はこの実験からどう結論しましたか．

サルヴィヤチ　実際はこの実験をただ短距離で，1哩足らずで行っただけなのです．それからは相手の光の現れるのが同時であったかどうかを決めることができませんでした．しかし，同時的ではないとしても途方もなく速いのです．——いわば瞬間的とでも言うべきで，さしあたり，それを私たちから8

---

[12] Robert P. Crease（青木薫 訳）『世界でもっとも美しい10の科学実験』（日経BP社, 2006）

哩も，10哩も離れた雲の間に起こる雷光の運動に譬(たと)えるべきでしょう。この雷光の発端――光の頭，源とでもいいましょう――を見ますと，それは，雲間の一定の場所に位していますが，すぐに周囲の雲に広がります。これは光の伝播に少なくとも若干の時間を要することの証明になると思います。何となれば，もしこの光輝の速さが同時的であって，時を追って進むものでないとすれば，私たちはその源――いわばその中心――と外側の部分とを区別することができないでしょうから。知らぬ間にだんだん大きな海の中に漂流していますね。真空，無限，不可分，同時的運動と，これでは千回も議論したって，何日になったら陸に上がれることやら。

1マイルほどの距離で実際に試みたが，測定は不可能であった。しかし，他の現象からも光速度の有限性を論じており，光速度が無限であるとは考えていないことが窺える。

例題4.4 ガリレオの実験を，地上と月面上とのやりとりで実施したとする。地球から減光の少ない光を発して，ストップウォッチをオンにする。月にいる人がその光を見て光を発する。地球で光を発した人が，月からの光を見てストップウォッチをオフにした。ストップウォッチでの経過時間が3.2秒であった。月までの距離を38万km，人の反応時間を0.2秒として光速度を計算せよ。

解 人の動作が3回あるので，光が飛んだ総時間は $3.2 - 0.2 \times 3 = 2.6$ 秒。この半分の1.3秒で38万kmであるから，$38 \div 1.3 \fallingdotseq 29.2$ から，光速度は29万km/sとなる。最初の動作の反応時間を無視すると，27万km/sとなる。　■

レーマーの測定法

ガリレオの発想である光速度の有限性を示したのは，天文学者レーマー (Ole Christensen Rømer, 1644～1710) であった。『新科学対話』が刊行されてから38年後の1676年，レーマーは，カッシーニ (Giovanni

Domenico Cassini, 1625 〜 1712)[13] による木星の衛星の運行表（1668 年）に基づいて，衛星イオ[14] の食の周期に着目した。イオの食とは，イオが木星の影に隠れ，地球から見えなくなってしまうことである。イオが図 4.3 の影の部分を通過したときに食が起こる。

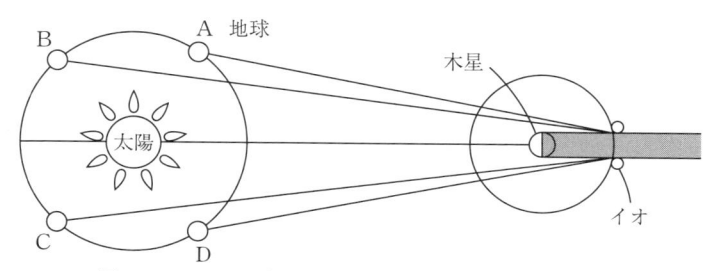

図4.3　レーマーは木星の衛星の食を利用して光速度を求めた

　イオの公転周期は約 42.5 時間（1.77 日）であるが，その周期は図の A → B のように地球が木星から遠ざかっている場合はゆっくりと長くなり（食の起こる時間が徐々に遅れる），C → D のように木星に近付いている場合はゆっくりと短くなる（食が起こる時間が徐々に早まる）ことに，レーマーは気がついた。光速度が有限であるならば，これは，A → B 間では食が起こり，次の食が起こるまで地球が遠退いている分だけ時間がかかると考えた。C → D 間では近付いている分だけ時間はかからない。地球軌道半径 1.38×10^{11} m（当時の値，現在の値は 1.50×10^{11} m）を用いてこれを計算し，光速度は 2.3×10^8 m/s であると結論した。この際，木星は，軌道半径が大きい（地球の 5.2 倍）こと，軌道速度が遅い（地球の 0.43 倍）ことより，止まっていると近似して計算した[15]。光速度が有限であることを示したばかりか，この値（誤差 23%）は当時としては驚くほど正確な値である。

---

13) パリ天文台の初代台長。木星と土星の観測者，特に土星の輪が 2 つの輪から構成されていることを発見したことで著名。これら 2 つの輪の隙間は，カッシーニの間隙と呼ばれている。
14) ガリレオは，自らの望遠鏡を使って木星には 4 つの衛星があることを発見し，内側からイオ，エウロパ，ガニメデ，カリストと名付けた。現在では，60 以上の衛星が確認されている。
15) このような近似を断熱近似という。

ブラッドリーの測定法

18世紀では，多くの人々の意識は天動説から地動説に変わったが，地動説の証拠である恒星の視差は観測されていなかった[16]。グリニッジ天文台のブラッドリー（James Bradley，1693〜1762）は，視差の発見に挑戦している最中，りゅう座 γ 星（ドラコニス星）[17] の方向が 1 年を通して変化していることに気づいた。彼は，この変化は，光速度が有限であること，それに地球が公転軌道上を 30 km/s で運動しているためであると考えた（図 4.4 を参照）。この地球の公転運動による効果を年周光行差という。光行差は，真上から降っている雨が，走っている車内からは斜めから降っているように見えることと同じ現象である。

ブラッドリーは，1727 年，この傾きの角度 $\alpha = 20.6$ 秒（20.6 度 /3600）を測定して [18]，光速度 c を

$$c = \frac{v \sin\theta}{\sin\alpha} = 2.88 \times 10^8 \,\text{m/s} \tag{4.3}$$

を得た。ここで，v は地球の軌道速度 29.8 km/s，θ はりゅう座 γ 星の地球公転面からの仰角 75 度である。

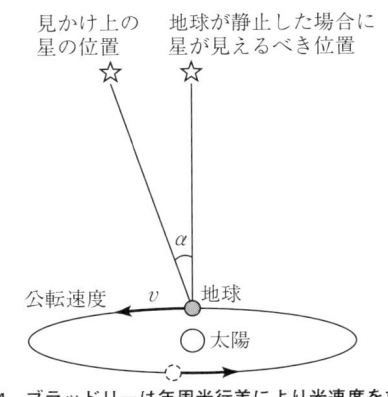

図4.4　ブラッドリーは年周光行差により光速度を求めた

---

[16] 恒星の年周視差は，1838 年にベッセルによって測定された。詳しくは，図 8.1 を見よ。

[17] りゅう座 γ 星までの距離は 150 光年ほどである。

[18] りゅう座 γ 星の光行差は 20.6 秒であるが，ベッセルが測定したはくちょう座 61 番星の年周視差は 0.286 秒と，1/100 ほどである。この当時の望遠鏡では視差測定は不可能であった。

例題4.5 式(4.3)
$$c = \frac{v \sin\theta}{\sin\alpha}$$
を導きなさい。

解 ブラッドリーが，次の図のように望遠鏡をりゅう座 γ に向けたとする。地球の軌道速度が 0 であるなら，角度 α は 0 となる。その場合の望遠鏡の傾きを θ_0 とする。$\triangle$ABC から AB $= c\Delta t \times \sin\alpha$ である。また $\triangle$ABD から AB $= v\Delta t \times \sin\theta$ となる。これらより，$c\sin\alpha = v\sin\theta$ となる。

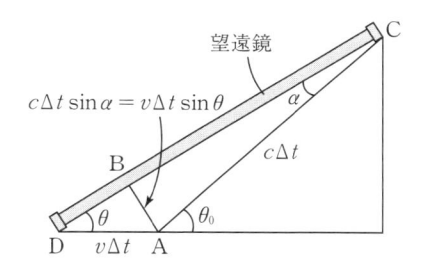

フィゾーの測定法

レーマーもブラッドリーも，天体現象を使って光速度を求めた。地上で光速度測定を成功させたのは，フィゾー (Armand Hippolyte Louis Fizeau, 1819～1896) である。フィゾーは，アラゴー (D.F. Jean Arago, 1786～1853)[19] の判定に対して，実験的検証をしようとした。アラゴーの判定とは，「光が粒子であるなら密な媒質に入ると速くなり，波であるなら遅くなる」というものであった。フィゾーは，これを確かめるためには光速度の測定を，条件を変えることのできない天体の観測からではなく，実験装置を用いて行わなければならないと考えた。彼は，この課題を始めたころ，フーコー (Jean B.L. Foucault, 1819～1868)[20] と

---

[19] アラゴーは，回転する導体円盤の近くに置いた磁石が回転に引きずられて回転することを 1824 年に発見した。これをアラゴーの回転盤という。
[20] 地球の自転を実験的に証明したフーコーの振り子がよく知られている。フーコーの誕生日は 9 月 18 日で，フィゾー（同年 9 月 23 日）の 5 日前である。

第 4 章 物理定数

共同で研究を行っていたが，途中から互いに独立に行うようになった。フーコーには協調性がなく，共同研究に適さなかったためとされている。

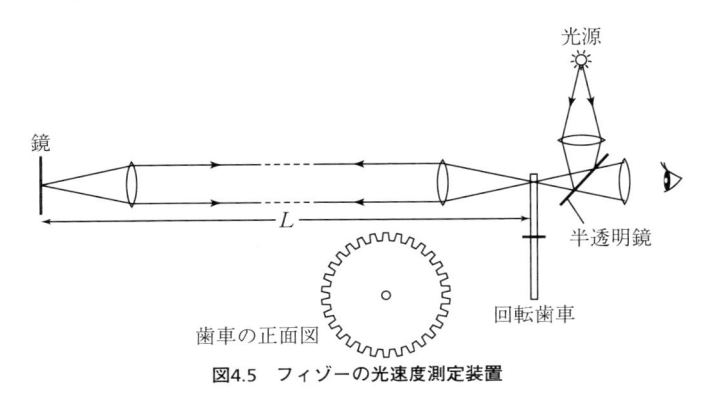

図4.5 フィゾーの光速度測定装置

フィゾーは，1849 年に実験を成功させた。図 4.5 は，フィゾーの光速度測定のための装置の概念図である。光源から出た光は半透明の鏡で反射され，高速回転する歯車 (歯数 n) の歯と歯の間を通過した断続的な光が距離 L 離れた鏡で反射し，再び歯車を通過して元に戻し，歯車の回転数を変化させて視野の明暗を観測する実験である。最初に歯車を通過した光も，戻ってくる間に，歯車が半分だけ回転 (1/2 回転) すれば，光は歯に遮られて観測できない。最初に暗くなったときの単位時間あたりの回転数を N とすると，歯車が $1/2n$ 回転する時間と，光が歯車と反射鏡との間の距離 L を往復する時間と等しくなる。すなわち，

$$\frac{1}{2n} \times \frac{1}{N} = \frac{2L}{c} \tag{4.4}$$

となり，$c = 4nNL$ となる。

フィゾーは，$n = 720$，$L = 8633$ m として野外実験を行い，$N = 12.6$ 回/秒のときに最も暗くなった。これで，$c = 4nNL = 3.13 \times 10^8$ m/s となった。

フーコーは，1862 年に回転鏡を用いた実験を行った。この方法は，フィゾーの実験にある歯車からの乱反射などの欠点がなく，得られた 2.98×10^8 m/s という値は，現在の

$$c = 2.99792458 \times 10^8 \text{ m/s}$$

と，誤差 0.6% という正確さであった（現在，光速度の値は，3.1 節で説明したとおり，定義定数である）。また，フーコーは，アラゴーの判定の実験を 1850 年に行った。これにより，光は水中よりも空気中の方が速く伝播することが確認され，フーコーの実験は，光の波動説の決定実験となった。

4.3　電気素量 e

電気素量（素電荷）e は，すべての電気および磁気現象の根源であり，電荷の最小単位の量である。このため，すべての物体のもっている電荷はその値の整数倍となる[21]。電気素量は，電子のもつ電気量の絶対値で定義され，その大きさは，

$$e = (1.60217653 \pm 0.000000085) \times 10^{-19} \text{ C}$$

である。C（クーロン）は，SI 基本単位で表すと 1C = 1A·s で，1A の電流によって 1 秒間に運ばれる電気量である。

電荷が飛び飛びの値をとることは，ファラデー[22] の電気分解の法則の帰結として発見された。ファラデーの電気分解の法則は，「陽極あるいは陰極で変化した物質の量は，流した電気量（電流×時間）のみに比例する。1 価イオンの 1 mol を電気分解で得るのに必要な電気量は，物質の種類，

---

[21] クォークの電荷は，素電荷の整数倍とはなっていない。u クォークは $\frac{2}{3}e$，d クォークは $-\frac{1}{3}e$，c クォークは $\frac{2}{3}e$，s クォークは $-\frac{1}{3}e$，t クォークは $\frac{2}{3}e$，b クォークは $-\frac{1}{3}e$ である。しかし，クォークは単独では取り出すことはできないため，'素'電荷として $\frac{2}{3}e$，あるいは $-\frac{1}{3}e$ は実験的に見出されていない。ここでは，クォークを物質ではあるが物体ではないとした。

[22] 父は鍛冶屋であるが体が弱く，一家は貧乏であった。このため 12 歳までしか学校に行けず，近所の製本屋に勤めた。王立研究所教授ディヴィー（H. Davy, 1778 ~ 1829）の助手となり，実験科学者として大成した。彼の名を冠した科学用語は，ファラデー定数の他にも，ファラデー効果，ファラデーの媒質理論，ファラデー箱，ファラデー暗部，…などと多い。電磁気学の父とも言われている。

電解質の濃度などによらず一定である。2価のイオンの場合は，電気量は2倍となる」である。この法則は1833年に発見された。この一定値をファラデー定数といい，Fで表す。この定数は，1価イオンの1 molを電気分解するに要する電気量で，その値は，

$$F = 96485.3383 \text{ C/mol}$$

である（2002年推奨値）。ファラデーの電気分解の法則は，「1価のイオンは常に同一の電荷をもつ」と表すことができるので，

$$F = N_A e \tag{4.5}$$

とできる。ここで，N_Aはアボガドロ定数である。ストーニー（G.J. Stoney, 1826 ~ 1911）[23]は，この関係式を用いて，$e = 1 \times 10^{-19}$ Cと概算した。

ストーニーの値が概算であるのは，アボガドロ定数の値があいまいであったためである（現在の値に近づけたのは，1909年のペラン（Jean B. Perrin, 1870 ~ 1942）の実験である）。ミリカン（Robert A. Millikan, 1868 ~ 1953）[24]は，N_Aを用いず，直接eの値を求めた。これが，ミリカンの油滴の実験である。一様で強い電場中で，帯電した油滴の運動から求める実験である。ミリカンは，この実験を1906年に着手した。開始から3年ほどは，水滴の落下を試みたが，すぐに蒸発してしまうなどの欠点があった。油滴を用いることを思いついてからも，数多くの工夫を重ね，1912年にやっと発表すべきデータを得た。ミリカンの実験装置を図4.6に示した。図の中央下部にある，平行平板コンデンサーの形をした装置が本体である。この中での油滴の上下運動を，左の顕微鏡より観測する。

半径aの油滴（質量m）は，空気中を落下するとストークスの法則より$6\pi \eta a v_f$の抵抗を受ける。ここで，ηは空気の粘性率，v_fは落下速度である。これより，$mg = 6\pi \eta a v_f$となる。油滴の密度をρ_{oil}，装置内の空気の密度をρ_{air}とすると，油滴は浮力を受けるので，

---

[23] 電気素量を 'electron' と名付けた。J.J.トムソン（J.J. Thomson, 1856 ~ 1940）が，1897年に電子を発見したときはコーパスクル（corpuscle：微粒子）と呼んでいた。電子を 'electron' というようになったのは1900年あたりからである。

[24] アインシュタインの1905年3月の論文，「光の生成と転換に関する1つの発見法的観点」にある光電効果を実験的に検証したのもミリカンである。1923年にはノーベル物理学賞を受賞した。

4.3 電気素量 e

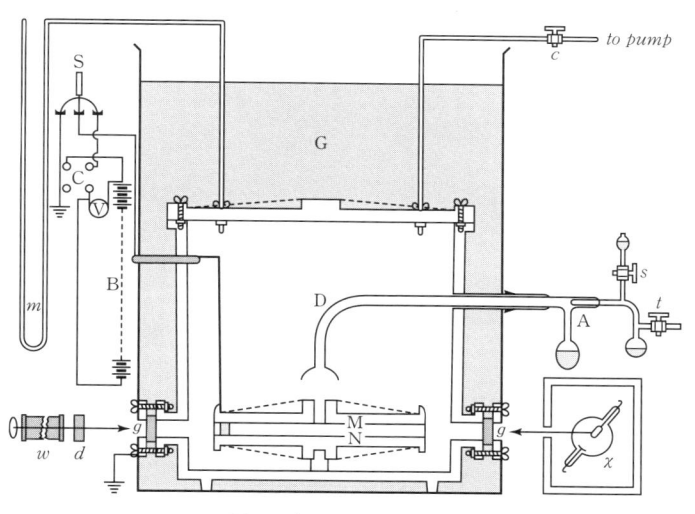

図4.6 ミリカンの実験装置

$$\frac{4}{3}\pi a^3 (\rho_{\text{oil}} - \rho_{\text{air}})g = 6\pi \eta \, a v_f \tag{4.6}$$

となる。これより油滴の半径 a は，

$$a = \frac{3}{\sqrt{2}} \sqrt{\frac{\eta \, v_f}{(\rho_{\text{oil}} - \rho_{\text{air}})g}} \tag{4.7}$$

により求めることができる。

装置内の電場の大きさを E とすると，

$$eE - mg = 6\pi \eta \, a v_E \tag{4.8}$$

となる。$mg = 6\pi \eta \, a v_f$ を用いると，

$$e = \frac{6\pi \eta \, a}{E}(v_f + v_E) = 9\pi \sqrt{2} \, \frac{\eta^{\frac{3}{2}}}{E} \sqrt{\frac{v_f}{(\rho_{\text{oil}} - \rho_{\text{air}})g}} \, (v_f + v_E) \tag{4.9}$$

となる。これより，電気素量 (電子の電荷) を求めることができる。

ミリカンは，こうして $e = 1.592 \times 10^{-19}$ C を得た。現在の値との誤差は 0.6% である。

例題4.6 ファラデーの電気分解の法則の式とミリカンの電気素量の値を用いて，アボガドロ定数 N_A を求めよ。

解 $N_A = \dfrac{F}{e} = \dfrac{96485.3383 \text{ C/mol}}{1.592 \times 10^{-19} \text{ C}} = 6.06 \times 10^{23} \text{ mol}^{-1}$

となる。 ∎

4.4 基礎物理定数表

万有引力定数，光速度，電気素量の他にも，よく使われる物理定数がある。2002年に調整された基礎物理定数の推奨値を表4.1に示した。

表4.1 基礎物理定数の推奨値

万有引力定数	G	$(6.6742 \pm 0.00015) \times 10^{-11} \,\mathrm{m^3 \cdot kg^{-1} \cdot s^{-2}}$
真空中の光速度	c	$299792458 \,\mathrm{m \cdot s^{-1}}$
電気素量	e	$(1.60217653 \pm 0.000000085) \times 10^{-19} \,\mathrm{C}$
原子質量定数	m_u	$(1.66053886 \pm 0.00000017) \times 10^{-27} \,\mathrm{kg}$
電子の質量	m_e	$(9.1093826 \pm 0.00000017) \times 10^{-31} \,\mathrm{kg}$
陽子の質量	m_p	$(1.67262171 \pm 0.00000017) \times 10^{-27} \,\mathrm{kg}$
陽子－電子の質量比	$m_\mathrm{p}/m_\mathrm{e}$	$1836.15267261 \pm 0.00000046$
気体定数	R	$(8.314472 \pm 0.0000017) \,\mathrm{J \cdot mol^{-1} \cdot K^{-1}}$
アボガドロ定数	N_A	$(6.0221415 \pm 0.00000017) \times 10^{23} \,\mathrm{mol^{-1}}$
ボルツマン定数	k_B	$(1.3806505 \pm 0.0000018) \times 10^{-23} \,\mathrm{J \cdot K^{-1}}$
真空の誘電率	ε_0	$1/\mu_0 c^2 = 8.854187817 \times 10^{-12} \,\mathrm{F \cdot m^{-1}}$
真空の透磁率	μ_0	$4\pi \times 10^{-7} (= 12.566370614 \times 10^{-7}) \,\mathrm{N \cdot A^{-2}}$
リュードベリ定数	R_∞	$(10973731.568525 \pm 0.000066) \,\mathrm{m^{-1}}$
ファラデー定数	F	$(96485.3383 \pm 0.00086) \,\mathrm{C \cdot mol^{-1}}$
シュテファン－ボルツマン定数	σ	$(5.670400 \pm 0.000007) \times 10^{-8} \,\mathrm{W \cdot m^{-2} \cdot K^{-4}}$
プランク定数	h	$(6.6260693 \pm 0.00000017) \times 10^{-34} \,\mathrm{J \cdot s}$

章末問題

4.1 静止衛星の高度 h を求めよ。ただし，地球の半径を $R = 6.34 \times 10^6 \,\mathrm{m}$，地球の質量を $M = 5.97 \times 10^{24} \,\mathrm{kg}$，地球の自転周期を $T = 8.64 \times 10^4 \,\mathrm{s}$ として計算せよ。

4.2 圧力 p，体積 V，絶対温度 T の $1\,\mathrm{mol}$ の理想気体の方程式
$$pV = RT$$
である。標準状態（1気圧，0℃）にある気体 $1\,\mathrm{mol}$ の体積は気体の

種類によらず 22.4 L である。このことから，気体定数 R を求めよ。

4.3 気体定数 R は，アボガドロ定数 N_A とボルツマン定数 k_B との積
$$R = N_A k_B$$
で表される。R は前の問いの答え，$N_A = 6.02 \times 10^{23}\,\mathrm{mol^{-1}}$ を用いて，k_B を計算せよ。

第 5 章

「ふしぎだと思うこと，これが科学の芽です。よく観察して確かめ，そしてよく考えること，これが科学の茎です。そうして最後になぞが解ける。これが科学の花です」

（朝永振一郎）

空気と熱

5.1 　　空気の重さ

1気圧は 1013 hPa である。Pa（パスカル）は圧力の単位で，1 Pa は 1 m^2 の面積に 1N の力を加えたときの圧力の大きさである。水平な地面に 1 辺 1 m の正方形を描くと，そこには 1.013×10^5 N の空気の重さがかかっている。重力加速度を 9.80 m/s^2 とする[1]なら，この空気の質量は 1.034×10^4 kg（$= 1.013 \times 10^5$ N$/9.80$ m/s^2）で，およそ 10 トンである。すなわち，1 atm = 1013 hPa = 1.034×10^4 $kg/m^2 \times 9.80$ m/s^2 = 1.034 $kg/cm^2 \times 980$ cm/s^2 となる（1 cm^2 あたりおよそ 1 kg）。

1013 という数字は，水銀を用いたトリチェリの実験に関係している。これは，1 m ほどのガラス管の一方を密閉し，他方を開放したものを水銀で満たし，これを図 5.1 のように水銀層に倒立させる実験である。斜めにしているうちは水銀が満たされたままであるが，立てていくと徐々に空間

---

[1] 重力加速度は，測定の位置と地球の中心までの距離によるため場所によって異なり，測地学および地球物理学において重要な量である（単位も 1 gal = 1 cm/s^2 = 10^{-2} m/s^2 としている）。地球は赤道半径より極半径の方が小さいため，高度が同じなら，緯度が高い方が重力加速度は大きい。例えば，利尻島では 980.670 gal，石垣島では 979.006 gal である。国際的標準値は 980.61992 gal であるが，日本では 980 gal = 9.80 m/s^2 が使われている。

図5.1 トリチェリの実験

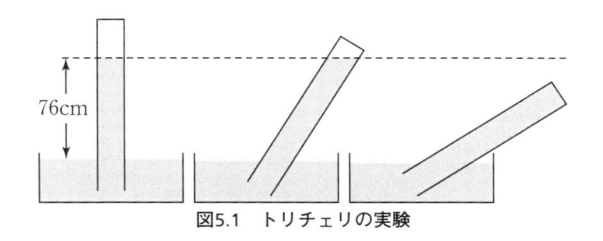

が現れ，倒立させたところで水銀の柱の高さを測ると 76 cm となる．再び，斜めに傾け，高さが 76 cm 以下になると管は水銀で満たされる．

これは大気圧のためである．ガラス管外の空気が，ガラス管内の水銀を 76 cm まで押し上げたためである[2]．水銀の密度は 13.6 g/cm^3 = 1.36 × 10^4 kg/m^3 なので，ガラス管断面 1 cm^3 あたりの水銀の質量は 0.760 m × 1.36 × 10^4 kg/m^3 = 1.034 × 10^4 kg/m^2 となり 1 atm の 1 m^2 あたりの空気の質量に等しい．これより押し上げられた力は，

1.034×10^4 kg/m^2 × 9.80 m/s^2 = 1.013×10^5 N/m^2 = 1.013×10^5 Pa = 1.013×10^3 hPa となる．

この実験は，晩年のガリレオの弟子トリチェリ (E. Torricelli, 1608 〜 1647) が，末弟のヴィヴィアーニ (V. Viviani, 1622 〜 1703) の協力を得て，1643 年に行った．ガリレオは，1642 年 1 月 8 日に亡くなったのでこの実験に直接関与をしていないが，井戸は深さが 10 m を越えると機能しないこと，および空気に重さがあることを定量的に知っていた．トリチェリの実験は，ガリレオの志を継いで行われた．

ガリレオは，ガラス瓶にポンプで空気を押し込み，蓋をしてその重さを量ったところ，押し込む前のものより重くなったことに気づいた．それなら，空気はどのくらい重いのか疑問に思い，測定を試みた．①一方を塞ぎ，もう一方に小さな穴を開けた円筒を用意し，塞いだ方を上にして水の中に沈ませ，空気を逃がさないようにして 3/4 まで水を入れ，穴を閉じる．②この重さを量り，これを W_1 とする．③これを水中で逆さにして，水が入

---

[2] 水銀柱を 76 cm = 760 mm 押し上げる大気の圧力を，760 mmHg あるいは 760 torr (トール) という．すなわち，1 atm = 1013 hPa = 760 torr である．torr は，トリチェリを冠した単位である．

らないように穴を開け，ゆっくりと中の圧縮された分の空気を抜く。④その重さを量り，これを W_2 とする。すると，$W_1 - W_2$ は，この円筒の容積の 3/4 の空気の重さとなる。すなわち，これを円筒の 3/4 までの水の重さで割れば，空気の比重を求めることができる。ガリレオは，こうして空気の比重は約 1/400 であると結論した（実際は 1/813）。

トリチェリの実験は，当時，2 つの解釈があった。1 つはトリチェリが解釈したように大気の圧力が水銀層の表面を押しているために水銀柱ができたという考え，もう 1 つは管の先端にできた空所には透明であるが何かが詰まっていて，それが水銀を引っ張っているという考えである。当時の主流は後者であった。それは，アリストテレス[3]の真空嫌悪説に発しており，これが一般的であったためである[4]。アリストテレスは，空虚の中では自然的運動の存在が示せなくなるという理由などから真空の存在は論理的に不可能であるとした（ないものがあるとするということを認めないという形而上学的な理由もあった）。押されて水銀が持ち上がって柱となったと捉えずに，倒立させるまで管一杯に満たしていた水銀が自らの重さに耐えきれず下降したと捉えたのである（自重に耐えきれず落ちるリンゴのように）。水銀柱が下がろうとすると，目には見えないが，ガラスにある無数の穴から外気が入り込み，それが元ある場所に戻ろうとする力で水銀を引っ張り上げていると考えていた[5]。

---

[3] すべての学問はアリストテレスに始まる。彼があまりに偉大なため，近代科学は彼の理論体系を否定することから始まったとも捉えることができる。

[4] デモクリトス（Dēmokritos, 前 460 ～前 370）の原子論が否定されたのもこのためである。物質を極限まで細かくした究極的な姿である原子の存在を肯定すれば，必然的に，原子と原子の間に真空が存在していなくてはならない。

[5] このような先入見を「劇場のイドラ」という。イドラ（idola）は idol の語源である。フランシス・ベーコン（Francis Bacon, 1561 ～ 1626）は，人の偏見や先入見，誤解には，4 つのイドラがあると説いた。感覚における錯覚である「種族のイドラ」，狭い洞窟の中から世界を観ているような「洞窟のイドラ」，言葉が思想に及ぼす影響から生じる「市場のイドラ」，それに思想や学説によって生じる「劇場のイドラ」である。

5.2　パスカルの決定実験

パスカルは，トリチェリの実験に興味をもち，大気圧の存在と真空の存在を確定する実験を 2 つ考案した[6]。1 つは，図 5.2 のような装置で，トリチェリの実験で生じた空の部分の中で同じ実験をする。空の部分が真空であるなら，大気圧はないので，水銀柱は生じない。これを確かめることができれば，空気の重さで水銀柱が生じることの証拠となる。もう 1 つは，トリチェリの実験を山頂で実施し，水銀柱の高さと標高との関係を調べる実験である。

1647 年 11 月，彼は故郷クレルモン・フェランに住む姉婿であるペリエ (F. Perier, 1605 〜 1672) に，この実験を依頼した。クレルモン・フェランは，ピュイ・ド・ドーム[7]の麓から 13 km ほどにある街である。ペリエは，1648 年 9 月に実験を実施した。麓の修道院，中腹，山頂においてトリチェリの実験を行った。図 5.3 のように，麓では 71.3 cm であった水銀柱が，中腹で 67.8 cm，麓から 970 m の山頂で 62.8 cm であった。これは，山頂では大気の層が薄くなり，重さも減るとしたパスカルの予想と一致している。

また，トリチェリの実験の解釈が定まったことも示している。すなわちこれは，大気の圧力が水銀層の表面を押しているために水銀柱ができたことを示す決定実験であった。また，真空嫌悪から導かれた水銀の引っ張り上げ説の否定でもあった。

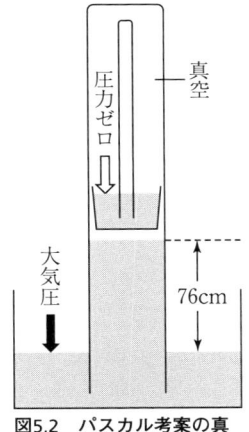

図5.2　パスカル考案の真空中の真空実験

---

[6]　「人間は一茎の葦に過ぎない。しかし，それは考える葦である」の言葉で知られるパスカルは自然科学者としても知られている。パスカル『科学論文集』（岩波文庫，1953 年）を読んでいただきたい。また，実験科学者パスカルを考察した小柳公代『パスカルの隠し絵』（中公新書，1999 年）を合わせて読むと面白い。

[7]　Puy-de-Dôme の Puy は，この地方で山を意味している。フランスのミネラルウォーター「ボルヴィック」のボトルのラベルに描かれている山はピュイ・ド・ドームである。ピュイ・ド・ドームの頂上の標高は 1465 m である。

第 5 章　空気と熱

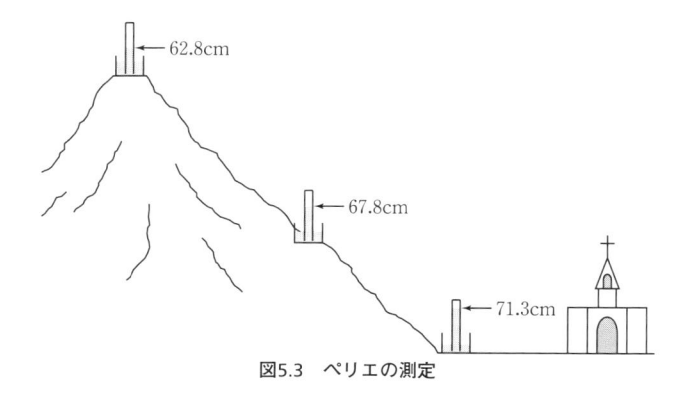

図5.3　ペリエの測定

例題5.1　試験管に水をいっぱい入れて，こぼれないようにして水を入れたビーカーに逆さにして立てた。試験管の水はどうなるか。次の図の①〜⑤の中から正しいものを 1 つ選びなさい。

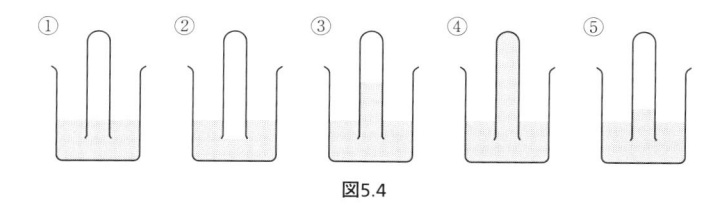

図5.4

解　④。1 atm では，水は 10.3 m ほどの柱をつくる。

例題5.2　標高 0 m で水銀柱は 76 cm であるとする。水銀柱が麓で 71.3 cm，麓から 970 m の山頂で 62.8 cm であったというデータから，標高が 100 m 上がるごとに水銀柱がどのくらい下がるか。また，麓の修道院の標高を求めよ。

解　山頂から麓までの標高差は 970 m, 水銀柱の差は 8.5 cm である。$8.5/970 = 0.00876$ なので，水銀柱は 100 m ごとに 0.876 cm 低くなる。また，麓での水銀柱が 71.3 cm なので標高 0 m とのその差は 4.7 cm である。ペリエの測定値が正しいとすると麓の高度は 537 m（$= (4.7/0.876) \times 100$）となる。クレルモン・フェランの高度は 321 〜 602 m なので，537 m はこの範囲に入っている。

5.3　ボイルの法則

　容器に閉じ込めた空気を圧縮すると縮む。このような気体と圧力の関係を定量的に調べたのはボイル（Robert Boyle，1627～1691）である。ボイルは，伯爵の第14子7男として，イギリス領リズモア城（現アイルランド）に生まれた。6年ほど大陸遊学の旅で数学や自然学を学んだ。オックスフォードに住み始めたころ，気体の研究に情熱を注ぎ，『空気の弾性とその効果に関する物理学の新事実』（1660年）を著し，気体の圧力と体積の関係は，この本の第2版（1662年）に記載されている。

　ボイルは，図5.5のように，一方を閉じたガラス管をJ字に曲げ，開いている口から水銀を注ぎ，加えた圧力 p と閉じ込められた空気の体積 V の関係を調べた。大気圧を水銀柱の高さの単位である torr で表すと，

$$p = p_0 + h \tag{5.1}$$

となるので，管の高さを測れば圧力も体積もわかる（$p_0 = 760$ torr）。水銀の量を増やすと閉口端側にある空気の体積が減少し，この空気にかかる圧力が 2 atm になると体積は 1/2 に，3 atm になると 1/3，…，となった。

　この実験により，気体に加えた圧力 p は気体の体積 V に反比例することがわかった。すなわち，

$$pV = 一定 \tag{5.2}$$

となる。これをボイルの法則という。あるいは，マリオット（Edme Mariotte，1620～1684）[8] が 1676 年に再発見したため，ボイル‐マリオットの法則ともいう。この法則は，空気ばかりか，どんな気体でも成り立つユニバーサルな規則である。

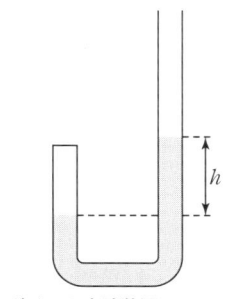

図5.5　ボイルの実験装置
ガラス管は4mもある。開口端から水銀を注いだところ，2.5mまで入った。

例題5.3　標高 0 m での空気の密度は 1.23 kg/m³ であるが，高度 5 km では 0.736 kg/m³ である。温度は変わらないとして，高度 5 km での気圧

---

[8]　マリオットは，フランスに実験科学を導入したことでも知られている。

を計算せよ。

解 空気が密度 ρ，質量 m であれば，体積 V との関係は，$V = m/\rho$ である。これとボイルの法則から，

$$pV = p\frac{m}{\rho} = 一定$$

となり，質量は変わらないので，$p/\rho =$ 一定となる。これより，

$$\frac{p}{\rho} = \frac{1013 \text{ hPa}}{1.23 \text{ kg/m}^3} = \frac{x}{0.736 \text{ kg/m}^3}$$

が成り立ち，$x = 606$ hPa となる。■

5.4 大気

気圧は，単位面積にはたらく大気の重さである。すなわち，気圧は，地平面に単位面積を描き，その鉛直上方に延ばした空気の柱の重さに等しい。また，気体は圧力がかかると圧縮され，空気の密度を大きくする。このため，麓の空気の方が山頂の空気より密度が大きい。圧力 p，温度 T，密度 ρ，これら3つの変数の関係は，

$$p = A\rho T \tag{5.3}$$

で表される。これを大気の状態方程式という。ここで，A は気体の種類によって異なる定数で，乾燥空気の場合は $A = 2.87$ という値をとる。標準とされた大気の気温，気圧，それに空気の密度を表 5.1 に示した。

高度が上がるにつれて，気圧や密度は小さくなり，宇宙空間へとつながる。気圧が地表面の 1/2 になる高度は 5.5 km あたりである。これから，空気の質量の半分は 5.5 km の高さまでにあることがわかる。また，高度 30 km での気圧は 12 hPa なので，大気の全質量の 99% は 30 km までにあることがわかる。

例題5.4 気圧は，成層圏までの高度 10 km あたりまで，高度が 10 m 上がるごとに 1.2 hPa 下がり，気温 T は 100 m 上がるごとに 0.6℃ 下がる。この規則で，麓の神戸の気温 20℃・気圧 1 atm であるとき，六甲山頂上 (931 m) の気温と気圧はいくらか。

解 気温は，$931 \times 0.6/100 = 5.586$℃，$20 - 5.586 = 14.414$ なので，

表5.1 国際標準大気の気温・気圧・密度

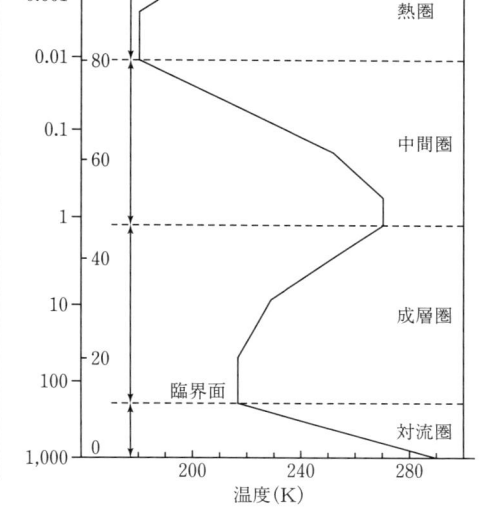

高度 (km)	気温 (K)	気圧 (hPa)	密度 (g/m³)
0	288	1013	1225
1	282	899	1112
2	275	795	1007
3	269	701	909
4	262	616	819
5	256	540	736
6	249	472	660
7	243	411	590
8	236	356	525
9	230	307	466
10	223	264	413
11	217	226	364
12	217	193	311
13	217	165	266
14	217	141	227
15	217	120	194
20	217	55	88
25	222	25	40
30	227	12	18
35	237	6	8
40	250	3	4
45	264	2	2
50	271	0.9	1
60	247	0.3	0.4
70	220	0.06	0.1
80	199	0.01	0.02
90	187	0.001	0.003
100	195	0.0002	0.0004

白木正規『百万人の天気教室』
(成山堂書店, 2003) より

図5.6 大気層の区分

約 14°C となる。気圧は，$931 \times 1.2/10 = 111.72$，$1013 - 111.72 = 901.28$ なので，約 901 hPa である。■

大気層は，気温変化の仕方によって区分されている。地上から高度を上げていくと気温が下がるが，約 10 km あたりで逆に高度を上げていくと気温はゆるやかに上がっていく。この境となる面を圏界面といい，その下部を対流圏，上部を成層圏という。対流圏で風，雨，雲などの気象現象のほとんどが起こる。成層圏にはオゾン層があり，紫外線を吸収しているため温度は高い。高度を 50 km ほど上げていくと再び高度を上げるほど温度が下がる領域に入る。これを中間圏という。さらに高度を 80 km ほど上げると熱圏に入る。熱圏には電離層がある。これは，気体分子が太陽からの紫外線，X 線などにより電離され，電子とイオンからなる層である。熱圏の範囲は 500 km ほどである。

スペースシャトルは地上から 300 km ほどの上空を飛行しているので，熱圏飛行である。これを宇宙飛行としているが，地球半径の 5%ほどの高

度であるため，思ったほど地表から離れていない。では，どのくらいの高度から宇宙空間（スペース，space）なのか。スペースは，地球その他の天体を除く空間領域，あるいは星間物質が主な物質分布となっている領域である。このため，大気圏は含まれない。しかし，慣例化してしまったこともあり，地上から 100 km を越える地点はスペースであるとしている場合が多い[9]。

例題5.5 次の問いに答えよ。

(1) 成層圏では，下部を除いて，高度とともに温度が上昇している。これは成層圏の[①]が[②]を吸収して発熱するためである。空欄に適切な語を入れなさい。

(2) 中間圏の気温減率の原因は何か。

(3) 熱圏の温度上昇の原因は何か。

解 (1) ①オゾン，②太陽からの紫外線

(2) 主に，大気からの放射が原因である。対流圏での大気の気温減率は 0.6 ℃ /100 m であるが，中間圏では対流が起こっていないため，大気の気温減率は 0.3 ℃ /100 m と小さい。

(3) 主な原因は，N_2 と O_2 による紫外線の吸収である。熱圏においても，N_2 と O_2 が大気の主成分である。これらが，太陽からの紫外線や X 線などを吸収して大気を暖めている。 ■

5.5 シャルルの法則

物体の体積は，温めると増える。気体ではこの傾向が顕著である。ガリレオの気体温度計の原理も，気体の熱膨張（体積変化）を明示したものである。

シャルル（J.A.C. Charles, 1746～1823）は，水素気球の開発に情熱を注いだ。彼が気体の膨張に興味をもったのも原因はそこにあった。1787 年に，酸素，窒素，水素，二酸化炭素，それに空気が 0 ℃から 80 ℃までは同じ割合で膨張することを実験によって知ったが，それを定量的に表現

---

[9] 広辞苑（第 6 版）では，「恒星または惑星の間の空間。地球についていえば，一般に，ふつうの航空機が飛べる限度（高度約 30 km）以上の空間」となっている。

することも，刊行することもしなかった。気体の温度と体積の関係を研究し，公にしたのはゲイ・リュサック（J.L. Gay-Lussac, 1778 ～ 1850）である[10]。彼は，「圧力一定の条件のもとでの温度上昇による気体の膨張率は，気体の種類によらず0℃での体積の1/273である」ことを，1801年に発見した。シャルルが発表していなかったため，しばらくの間，ゲイ・リュサックの法則といわれていた。この法則を定式化すると，

$$V = V_0\left(1 + \frac{t}{273}\right) = V_0\left(\frac{273 + t}{273}\right) \tag{5.3}$$

となる。V_0 は標準状態の体積，t はセ氏温度（℃）である。絶対温度を $T[\mathrm{K}] = 273 + t$ とおけば，「一定の圧力のもとでは気体の体積は絶対温度に比例する」と表され，

$$\frac{V}{T} = \frac{V_0}{T_0} = 一定 \tag{5.4}$$

と書ける。ここで，$T_0 = 273\,\mathrm{K}$ とした。これをシャルルの法則という。

例題5.6 温度27℃，体積5 m³の気体を圧力一定にして，温度100℃に上げると，体積はいくらになるか。

解 気体の体積を V としてシャルルの法則を用いれば，

$$\frac{5}{273 + 27} = \frac{V}{273 + 100}$$

となる。これを解けば，$V = 6.22\,\mathrm{m}^3$ となる。　■

式 (5.3) から，気体の体積 V は温度 T に比例して増加する（$V \propto T$）。これによると，$t = -273$℃のとき $T = 0$ となり，体積も0となり，それ以下では T と V は負になってしまう。体積が負になってしまうのは奇妙なので，$t = -273$℃は温度の最低値（絶対零度という）であることが推測できる[11]。この推測は的を射ていて，分子運動論より絶対零度の存在は証明され，-273.15℃を絶対零度（単位はケルビン K である）としている。また，熱力学第3法則は「いかなる方法をもってしても絶対零度に到達す

---

[10] ゲイ・リュサックは，シャルルの作った気球に乗り，7000 m の上空で大気の状態や地磁気の観測をした。空気は，密度が2分の1ほどになるが，組成は変わらないことを見出した。
[11] 当時，シャルルの法則が，このような低温まで成り立つかどうか検証されていなかった。現在では，圧力が十分に小さい場合では，シャルルの法則は極低温でも成り立つことが確かめられている。

ることはできない」である。

気体は，温度を下げていくと液化する。空気も -190℃ (83 K) で液体空気となる。さらに下げていくと，ほとんどの液体は固化する（液体ヘリウムは，常圧では固体にならない）。表5.2に，気体の液化温度（沸点）と固化温度（融点）を記しておく。

表5.2 気体の沸点と融点(圧力：1 atm)

	沸点 (℃)	融点 (℃)		沸点 (℃)	融点 (℃)
窒素	-195.8	-209.86	ネオン	-246.048	-248.67
酸素	-182.96	-218.4	水素	-252.87	-259.14
アルゴン	-185.86	-189.2	一酸化炭素	-191.5	-205
二酸化炭素	-78.5	-56.6	プロパン	-42.1	-188
ヘリウム	-268.934	-272.2	メタン	-161.5	-182.6

例題5.7 宇宙飛行士が宇宙服を着るのはなぜか。

解 真空に近く，圧力もほぼ0に近いため，気密で断熱材でつくられた服を着用しなくては，低温でも血液が沸騰してしまう。宇宙服には加圧，保温，耐水性，透水性が不可欠である。現在，様々な保護のため14層からなる服が用いられている。■

5.6 状態方程式

ボイルの法則とシャルルの法則の統合を行う。その前に，標準状態を温度 $T_0 = 0$℃ (273.15 K)，圧力 $p_0 = 1$ atm (1.01325×10^5 Pa)，体積 $V_0 = 22.4$ L (2.24×10^{-2} m^3) と定めておく[12]。最初，気体は $T = T_0$, $p = p_0$, $V = V_0$ の標準状態にあるとする。

温度 T を T_0 に保ったまま（等温変化）で，圧力を $p_0 \to p$ に変化させると体積が変化する。変化した体積を V_1 とすると，V_1 はボイルの法則より，

---

[12] 現在，気体の標準状態として，温度25℃ (298.15 K)，圧力1 bar，体積24.8 L (2.48×10^{-2} m^3) が使われている場合が多い。bar（バール）は，10^5 N/m^2 = 10^5 Pa に等しい圧力の単位である。

と求められる。次に，圧力 p を一定にしたまま（等圧変化）で，温度を $T_0 \to T$ に変化させると，体積はさらに変化する。変化した体積を V とすると，V はシャルルの法則より，

$$V_1 = \frac{p_0 V_0}{p} \tag{5.5}$$

$$V = \frac{TV_1}{T_0} \tag{5.6}$$

となる。式 (5.5) を式 (5.6) に代入すると，

$$V = \frac{TV_1}{T_0} = \frac{T}{T_0} \times \frac{p_0 V_0}{p} \tag{5.7}$$

となり，

$$pV = \frac{p_0 V_0}{T_0} T = RT \tag{5.8}$$

となる。R は，気体定数 8.314 J/mol・K である（章末問題 4.2 を参照）。n モルの場合は，体積が n 倍となるので，

$$pV = nRT \tag{5.9}$$

と書ける。これをボイル–シャルルの法則といい，この方程式を理想気体の状態方程式という（理想気体とは式 (5.9) に従う気体のことである）。また，状態方程式とは，気体の熱的状態を特徴づける温度 T，圧力 p，体積 V などの状態量[13]の関係を記述する式である。

例題5.8 1783 年 9 月，モンゴルフィエ兄弟[14]は，ルイ 16 世とマリー・アントワネットの前で熱気球による飛行を演じた。モンゴルフィエ兄弟は試行錯誤により，煙が飛行をさせていると考えたが，シャルルは温度上昇による体積膨張のためだと考えた。シャルルの法則はこれがきっかけとなって発見された。気球は，バーナーで暖めた空気を気球内に送り込むことによって浮上する。ここで，

図5.7 熱気球

---

13) 状態変数にも種類がある。温度，圧力，化学ポテンシャルなど系全体を定数倍しても変わらない量を示強変数という。また，体積，モル数，内部エネルギーなどのように系全体を定数倍したら定数倍となる量を示量変数という。

14) J.M. Montgolfier (1740 ～ 1810) と J.E. Montgolfier(1745 ～ 1799) は，2 人で父の跡をついで，製紙工場を経営した。藁を焼いて熱した空気を紙袋に入れると空に浮くことに気づいたことより，熱気球製作に熱中した。

気球の容積は 3000 m³ で一定，内部の温度は一様，気球内の圧力と外圧は等しいという簡単化して，気球の浮上を考える。大気の気温 20℃，気圧 1 atm，密度 1.2 kg/m³ とする。また，気球の材料と荷重の総和 250 kg とする。この気球を浮上させるためには，気球内の温度を何度以上にすればよいか。

解 気球内のセ氏温度 t_i，圧力 p_i，密度 ρ_i，また外気の温度 t_o，圧力 p_o，密度 ρ_o とすると，ボイル−シャルルの法則より，

$$\frac{p_o}{\rho_o(t_o + 273)} = \frac{p_i}{\rho_i(t_i + 273)}$$

となる。気球の内と外の圧力が等しい $(p_o = p_i)$ ので，

$$\rho_o(t_o + 273) = \rho_i(t_i + 273)$$

が成り立ち，気球内の密度 ρ_i は，次のようになる。

$$\rho_i = \rho_o \frac{t_o + 273}{t_i + 273} = 1.2 \times \frac{293}{t_i + 273}$$

気球の体積を V とすれば，浮力は $\rho_o V g$ で表される（ゴンドラの部分の体積は 8 m³ 程度なので V に比べて無視できる）。気球内の空気の重さを $\rho_i V g$，気球材料の質量を M とすれば，気球を浮上させる条件は，

$$\rho_o V g > Mg + \rho_i V g$$

である。この式に，上で求めた ρ_i を代入すると，

$$M < \rho_o V (1 - \frac{293}{t_i + 273}) = \rho_o V \frac{t_i - 20}{t_i + 273}$$

となり，これより，$t_i > 42℃$ となる。 ∎

5.7 比熱

高温の物体 A と低温の物体 B とを接触させると，A は冷やされ，B は温められる。しばらくすると A と B の温度は等しくなる。このとき A から B に熱が移動したといい，移動した熱を熱量といい，Q [J] で表す。また，このように温度が等しくなった状態を熱平衡という。また，外部に熱が逃げなければ，高温の物体が放出した熱量と低温の物体が受け取った熱

---
15) 比熱の単位は，J/kg·K より，J/g·K の方がよく使われている。

量は等しい。これを熱量保存の法則という。

物体の温度を1K上げるのに必要な熱量を熱容量といい，C [J/K]で表す。物質1gあたりの熱容量を比熱といい，c [J/g·K]で表す[15]。比熱は，物質によって異なる。身近な物質の比熱を表5.3に示す。

表5.3 身近な物質の比熱 [J/g·K]（右の数字は測定温度）

物質	c[J/g·K]	t[℃]	物質	c[J/g·K]	t[℃]
水	4.217	0	ダイヤモンド	0.509	25
氷	2.10	0	ガラス	約0.7	10〜50
海水	3.93	17	木材	約1.25	20
エタノール	2.29	0	紙	1.17〜1.34	0〜100
金	0.129	25	砂	約0.8	0
銀	0.236	25	コンクリート	約0.8	25
銅	0.385	25	ゴム	1.1〜2.0	20〜100
鉄	0.435	0	はんだ	0.177	0
アルミニウム	0.880	0	真鍮	0.387	0

熱量保存の法則[16]より，不変である量は熱量Qである。物体の質量をmとすれば，熱量は，

$$Q = mct \tag{5.10}$$

で表される。海水浴場において，熱い砂浜を通って海水に入った経験はないだろうか。海水は，砂に比べて5倍ほど比熱が大きく，太陽エネルギーを等しく得ても，温まり方が1/5となるためである。

例題5.9 90℃に沸かしすぎた2Lのお湯を15℃の水を加えて60℃に冷ましたい。どれだけ加えればよいか。水1Lの質量を1kgとして計算せよ。

解 この温度領域では，比熱の変化はほとんどないので，一定であると考えられる。このため，

$$2 \times (90 - 60) = x(60 - 15)$$

より，1.3L加えればよいことになる。 ■

---

16) 保存法則は，とても重要である。時間の一様性から導かれるエネルギー保存の法則，空間の一様性から導かれる運動量の保存の法則，空間の等方性に起因する角運動量の保存の法則は，物理学の基盤となっているばかりか，問題を解くというプラクティカルな面でも重要である。運動や反応を考える際，不変となる量に着目するとすっと解けることがある。

5.8　エネルギー保存の法則

　20℃の水を器に入れ，この水の温度を30℃まで上げることを考える。撹拌機を入れてかき回して水温を上げたとする。これは，力学的なエネルギーが仕事のかたちで水温を上げたといえる。これとは別な方法，コンロにかけて水の温度を30℃にしたとする。これは，「熱する」という操作によりエネルギーを与えたことになる。この2つの行為で，水が得たエネルギーを内部エネルギー[17]という。

　例えば餅を焼くと膨れることから考えると，物体に熱を加える(dQ)と内部エネルギーは増加(dU)し，膨張という仕事(dW)をする。熱はエネルギーの一形態で，熱を含めて考えれば，エネルギー保存の法則[18]が成り立つので，これを表現すると，

$$dQ = dU + dW \tag{5.11}$$

となる。これを熱力学第1法則という。仕事と熱が同等で，仕事→熱，あるいは熱→仕事の転換が起こるが，常に物体の内部エネルギーを経由して行う。気体が膨張により行う仕事は，

$$dW = pdV \tag{5.12}$$

と，気体の体積の増加分に圧力をかけたもので表される。dQとdWの符号は整理しておくとよい。気体から見て，次のように考えるとよい。気体に熱が加わった場合$dQ > 0$，気体から熱が逃げた場合$dQ < 0$，また気体が仕事をした場合$dW > 0$，気体が仕事をされた場合$dW < 0$である。

例題5.10　100℃の水10 gが1 atmのもとで水蒸気になるとき，内部エネルギーの変化はいくらか。ただし，100℃での水の気化熱（蒸発熱）を2.260 kJ/g，また，1 atmにおける1 gの水の体積を1.000×10^{-6} m³，水

---

[17] 分子のレベルで考えれば分子のもつ力学的エネルギーの増加を意味するが，巨視的な水で考えるとわかりにくい。運動エネルギーと表現すると器に入った水全体が運動しているように思え，位置エネルギーとすると器に入った水が高いところに置かれたように思えてしまう。内部エネルギーは，物体の内部にため込まれたエネルギーと捉えておいてよい。

[18] エネルギー保存の法則は，マイヤー（J.R. von Mayer, 1814～1878）は原因と結果の原理から，ジュールは活力不滅から，そしてヘルムホルツ（H.L.F. von Helmholtz, 1821～1894）は第1種永久機関が不可能であることから，各々独自に導出した。1850年頃のことである。

蒸気の体積を $1.674 \times 10^{-3}\,\mathrm{m}^3$ とする。

解 吸収した熱量：$\mathrm{d}Q = 2.260 \times 10\,\mathrm{kJ}$
外部にした仕事：$\mathrm{d}W = 1.013 \times 10^5 \times 10 \times (1674 - 1) \times 10^{-6}$
$= 1.695 \times 10^3\,\mathrm{J}$
内部エネルギーの増加：$\mathrm{d}U = \mathrm{d}Q - \mathrm{d}W = (22.60 - 1.695)$
$= 20.91\,\mathrm{kJ}$

5.9　気体は分子からなる

　ダニエル・ベルヌーイ（Daniel Bernoulli, 1700～1782）[19] は 1738 年に刊行した『流体力学』に，気体は激しく運動している多数の粒子からなるという仮説を設け，気体の圧力と体積の関係を論じていた。ベルヌーイの理論は，興味をもたれることはなかった。ベルヌーイの業績を学ぶことはなかったが，ベルヌーイの仮説を復活させたのは，ヘラパス（J. Herapath, 1793～1868）であった。ヘラパスは，1821 年，重力の原因を探っているときに着想した。これによって彼は，気体の圧力，断熱変化における温度の変化，蒸発，拡散などの現象を説明した。しかし，思弁的であるという理由で著名な論文誌[20] に掲載を拒否され，注目されることはなかった。
　この考えを拾い上げたのは，熱は物質ではなく運動であると捉えたジュールである。ジュールは，ヘラパスが仮説の着想から 26 年後に著した『数理物理学』（1847 年）からヘラパスの仮説を知り，それにもとづいて粒子の速度や比熱の計算など，熱の運動論を発展させた。ジュールは論文にまとめ，1851 年に刊行された雑誌に掲載されたが，これも注目されなかった[21]。気体運動論が注目されるようになったのは，クラウジウス（R.J.E. Clausius, 1822～1888）の論文「熱とよぶ運動の種類」（1857 年）からで

---

[19] 父，伯父の他，一族に 12 人もの著名な数学者がいる家に育った。
[20] ロイヤル・ソサエティーの機関誌である。掲載を反対したのは，デイヴィーであった。
[21] ジュールが醸造業者で，学会会員ではなかったことも原因であろう。
[22] 後のケルヴィン卿（Lord Kelvin）。ケルヴィン温度 K は彼に因んだ。
[23] 電磁気学を体系化した人物でもある。また，晩年はキャベンディッシュの遺稿整理に心血を注いだ。

あった．この後，ウィリアム・トムソン (William Thomson, 1824 〜 1907)[22]，マクスウェル (J.C. Maxwell, 1831 〜 1879)[23]，ボルツマン (L.E. Boltzmann, 1844 〜 1906) が中心となり，熱が分子の運動であるとして気体の性質を説明する気体分子運動論を構築した．

気体分子運動論によると，分子の熱運動の平均の速さ v_T は，

$$v_T = 158\sqrt{\frac{T}{\mu}} \text{ [m/s]} \tag{5.13}$$

で得られる[24]．μ は分子量である．例えば，窒素分子は $\mu = 28$ なので，$T = 300$ K では $v_T = 517$ m/s となる．また，酸素分子は $\mu = 32$ なので，$T = 300$ K では $v_T = 484$ m/s となる．窒素分子も，酸素分子も，音速より速く運動していることがわかる．

なお，空気の組成は，窒素分子 (N_2) 78%，酸素分子 (O_2) 21%，アルゴン原子 (Ar) 0.9%，炭酸ガス (CO_2) 0.04%，その他 0.06% である．

例題5.11 気温 27℃であるとき，炭酸ガス，水蒸気分子，水素分子の平均の速さ v_T はいくらか．

解 $CO_2 : v_T = 4.13 \times 10^2$ m/s, $H_2O : v_T = 6.45 \times 10^2$ m/s, $H_2 : v_T = 1.94 \times 10^3$ m/s ∎

また，気体分子運動論によると，圧力 p は，

$$p = \frac{1}{3} \times \frac{nN_A}{V} m \langle v^2 \rangle \tag{5.14}$$

となる．ここで，$\langle v^2 \rangle$ は v^2 の平均を意味し，v は分子の速度，n はモル数，N_A はアボガドロ定数 (6.022×10^{23}) である．この式とボイル - シャルルの法則を用いれば，絶対温度 T は，

$$T = \frac{2N_A}{3R} \times \frac{1}{2} m \langle v^2 \rangle \tag{5.15}$$

となる．これは物質の種類や状態によらない一般的な式である．この式から，絶対温度 T は気体分子の運動エネルギーに比例していること，それに $T \geq 0$ は明らかなので温度の下限の存在がわかる．またこれは，高温物体は分子の熱運動が激しく，低温物体は熱運動がゆるやかであることがわかる．そして，内部エネルギー U は，

---

[24] 正確には，速度の 2 乗を平均した $v_T = \sqrt{\langle v^2 \rangle}$ である．

$$U = \frac{3}{2}nRT = nN_A \times \frac{1}{2}m\langle v^2 \rangle \tag{5.16}$$

となる。これは，内部エネルギーが気体の種類や体積，圧力に関係なく，温度と物質量で表現できることを示している。

空気は分子でできているという，その集団運動のメカニズムを知ることが主題となった。

章末問題

5.1 太い試験管を逆さにして，水の入ったビーカーに静かに押しながら入れた。水の中で，試験管の中はどうなっているか。次の図の①～③の中から正しいものを１つ選びなさい。

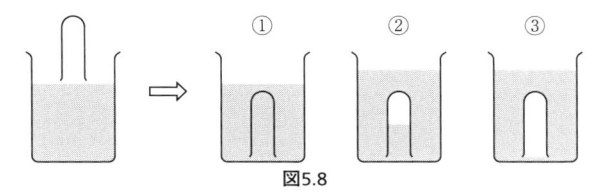

図5.8

5.2 大気において，高度と圧力の変化の関係を示す式 $\Delta p = \rho g \Delta h$ を導きなさい。

5.3 海水の比熱は，砂や土の比熱より５倍ほど大きい。これが，海陸風を生じさせる。そのメカニズムを説明せよ。

5.4 深海の水温の変化を調べた。水面（0 m）で17℃，水深1000 mで3℃であった。水深1000 mから水面まで引き上げたときのシリンダー内の気体は何倍になるか。水圧は10 mごとに1 atm増すとする。

5.5 体積 V の等しい２つのガラス球 A，B を，大きさの無視できる細い管でつなぎ，0℃，1 atm の空気を密閉した。A を 0℃ に保ったまま，B を熱して100℃にした。このとき，管内の圧力はいくらか。

第6章

「20世紀に得た知識をたった1つの文章でしか表現できないとしたら,『すべてのものは原子からできている』が最小の語数で最大の情報を与える」。これはファインマン[1]の言葉である。

光と原子

6.1　光あれ[2]

「どうしてものが見えるのか」。これは古代から続く問いである。それは「見る,聞く,嗅ぐ,味わう,触れる」という五感の中で,視覚が,最も理解しにくい感覚であったためである。ギリシア自然哲学において,見る,または見えるという行為は,①目からの放射体が対象物に触れて感じる,②対象物から放射体が目に入って感じる,③音と同じように媒質を伝わり,目は耳と同じような働きをして感じる,のいずれかと考えられていた。いずれも思弁的であるが,この問いへの関心が高かったことは窺える。

　波長がおよそ1 nmから1 mmの範囲にある電磁波を光という。電磁波の区分を図6.1に示した。およそ[3],1 nm〜380 nmを紫外線,380 nm〜

---

1) Richard P. Feynman (1918〜1988)。物理を十分に楽しみ,それを多くの人に伝えた。経路積分,ファインマン・ダイヤグラムを学ぶことは物理の学生の必須となっている。朝永,シュヴィンガーとともに1965年度ノーベル物理学賞を受けた。
2) 「『光あれ』と神が言った。すると光があった。神は光を見てよしとし,光と闇を分けた。神は光を昼と呼び,闇を夜と呼んだ。夕となり朝となって,1日が終わった。」(『旧約聖書』創世記・天地創造より)
3) 'およそ'としたのは,紫外線領域とX線領域,それに赤外線領域とミリ波領域をある程度重ねて定義している場合もあることによる。

770 nm を可視光，770 nm 〜 1 mm を赤外線という。可視光の色境界は個人差があるが，紫 (380 nm 〜 430 nm)，青 (430 nm 〜 490 nm)，緑 (490 nm 〜 550 nm)，黄 (550 nm 〜 590 nm)，橙 (590 nm 〜 640 nm)，赤 (640 nm 〜 770 nm) が標準とされている。可聴周波数は 20 Hz から 20 kHz と低音限界と高音限界との比は 1000 倍ほどあるが，可視光は短波長限界と長波長限界との比は 2 倍ほどである。「百聞は一見にしかず」とはいうものの，視覚領域は聴覚領域に比べてずいぶんと狭い。

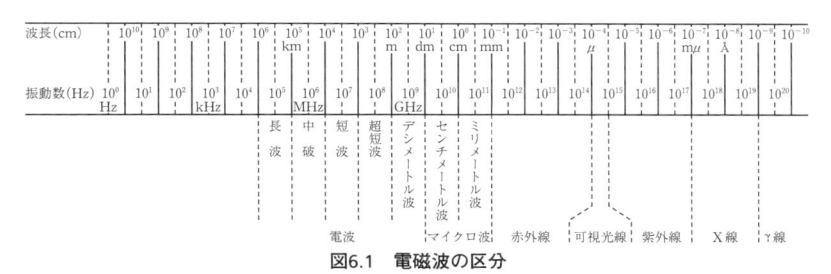

図6.1 電磁波の区分

基礎 - 応用 - 開発

10分補講

　電磁波は，マクスウェルによりその存在が予言された。電磁場の基礎方程式（マクスウェルの方程式）を導出（1864 年）した後，『電気磁気論考』（1873 年）を刊行した。この本から，「空間に光速で伝播する電気変動が引き起こされること」に気がついたのはフィッツジェラルド（G. F. FitzGerald, 1851 〜 1901）である。彼は論文『電気力によって波の変動をつくる可能性』を発表し，電磁波の可能性をさらに進めた。ヘルツは，マクスウェル理論の物理的意味を確認するため，電磁波の存在を実験的に検証（1888 年）した。

　電場の変化が磁場を生じさせ，磁場の変化が電場を生じさせる。すなわち電磁波は，電場が磁場を，磁場が電場を生むことを無限に繰り返すことで伝播する（図 6.2 参照）。

　このヘルツの研究に刺激された若者は多い。その 1 人がマルコー

第 6 章　光と原子

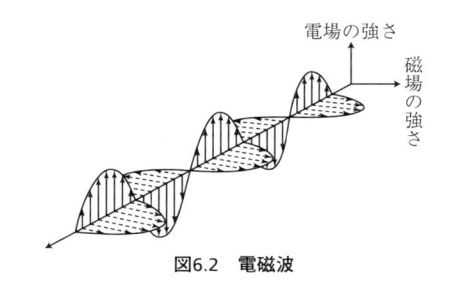

図6.2　電磁波

ニ（G. Marconi, 1874 ～ 1937）である。試行錯誤を繰り返しながら，最初数 m であった通信距離を 3.2 km まで広げることができたのは 1896 年であった。これを特許出願したが，イタリア政府の無理解のため却下された。母の母国イギリスに渡り，そこで特許を得て，無線電信信号会社を設立した。1899 年にイギリス海峡をまたいだ無線通信に成功，1901 年には大西洋を隔てた通信に成功した（これが電離層の発見につながった）。

　マクスウェルが基礎をつくり，ヘルツが検証し，マルコーニが製品化した。科学から技術へ発展するというリニアモデル（基礎→応用→開発→生産）の例である。

人の目の構成

　人は，狭い可視領域にもかかわらず，わずかな波長の違いを色の違いとして見分けることができる。目に光が入るとその光情報は，角膜→水晶体→ガラス体→網膜と伝わる（図 6.3 参照）。そして，網膜の視細胞が電気信号に変えて，視神経→視覚中枢に入り処理される。視神経につながる細胞も図 6.3 に示した。網膜の視細胞には，色を感じる錐体細胞とわずかな光でも感じる桿体細胞がある。図 6.4 は，錐体と桿体の視感度を示したグラフである。錐体の視感度は波長 555 nm で最大値 683 lm/W を示している。この波長では，桿体の視感度も同じ値である。桿体の視感度は波長 507 nm で最大値 1700 lm/W を示している。桿体の視感度の最大値は，錐体の最大値の 2.5 倍ほどある。桿体が，うす暗いところでものを見る薄明視を受け持っていることがわかる。しかし，桿体は 1 種類しかないので明

暗は感じるが色を識別することはできない。錐体は，桿体ほど視感度はないが，明るいところで働き，およそ 419 nm(青紫)，531 nm(緑)，558 m(黄)に最大感度をもつ 3 種類[4]があり，色覚を司っている。

　眼球を光学的に見てみる。光の屈折は，外気から角膜の境界で主に起こる。角膜の屈折率は 1.376 で，水の屈折率 1.33 にほぼ等しい。このため，水中では都合よく屈折が行われないため見えにくい。角膜を出た光は，透明液体である房水(屈折率 1.336)を通過する。光は，房水と角膜の屈折率がほぼ同じであるため方向はほとんど変わらない。虹彩は絞りの役割を担う。虹彩は筋肉でできていて，2 mm から 8 mm ほどまで伸縮して光量

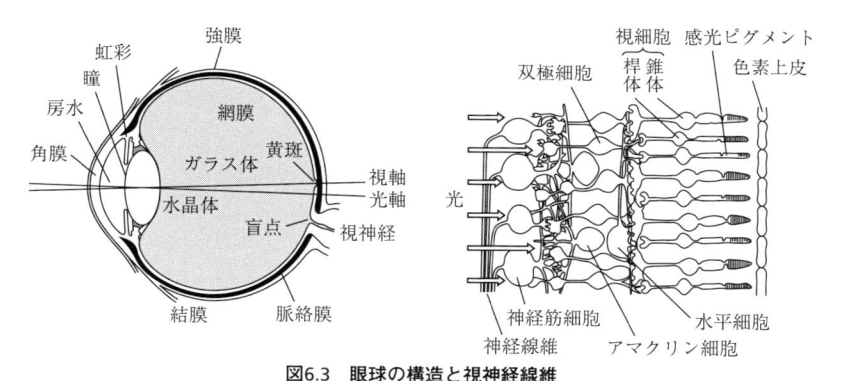

図6.3　眼球の構造と視神経線維
目は直径22mmほどのほぼ球形でゼリー状の塊であり，強膜という強くて柔軟な外皮で保持されている。

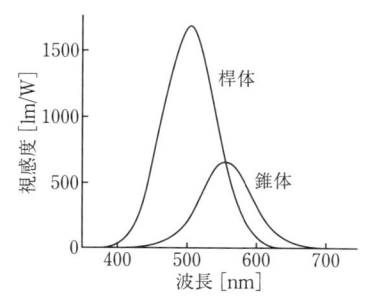

図6.4　錐体と桿体の視感度スペクトル分布

---
[4]　鳥には 4 種類もの錐体物質がある。鳥は，色の感度が高いばかりか，視力も高い。

を調節する。そして，光は，虹彩の直後の水晶体に入る。直径 9 mm・厚さ 4 mm ほどの水晶体は 22000 ほどの層からなる。この層状構造のため，光は少しずつ曲げられる。屈折率は，表面層は 1.386 であるが中央層は 1.406 ほどである。水晶体は角膜とともに，2 枚のレンズをつくっている。眼は感光面に実像を結ぶように配置された 2 枚の凸レンズ，と表現されるのはこのためである。光は水晶体を過ぎると，透明なゼラチン物質からなるガラス体（屈折率 1.337）に入る。こうして集光された光ビームは多層構造の網膜に届く。網膜には，上で述べた光受容細胞である錐体と桿体があり，ここで電気化学反応を起こし，脳中枢へと伝わる。

例題6.1 水中の物体は，空気中から見ると，浮き上がって見える。その理由を説明しなさい。

解 まず屈折の法則を思い出そう。図 6.5 は，光を屈折率 n_1 の媒質 I から屈折率 n_2 の媒質 II に入射させたようすを示している。図中の θ_i は入射角，θ_t は反射角，θ_r は屈折角である。反射の法則より，$\theta_i = \theta_t$ となる。また，屈折の法則より

$$\frac{\sin\theta_i}{\sin\theta_r} = \frac{n_2}{n_1} = \frac{v_1}{v_2} = \frac{\lambda_1}{\lambda_2} \tag{6.1}$$

となる。v_1, λ_1 は媒質 I での光速度，波長，v_2, λ_2 は媒質 II での光速度，波長である。媒質 I が真空であるならば，真空の屈折率は定義より 1 なので $n_1 = 1$，また $v_1 = c$ である。$n_2 = n$ として，n を絶対屈折率という。

空気の屈折率はほぼ 1 なので，$n_2 = n$ とする。また，$\theta_i \ll 1$，$\theta_r \ll 1$ として考えれば，$\tan\theta_i \approx \sin\theta_i$，$\tan\theta_r \approx \sin\theta_r$ より，深さを H，見か

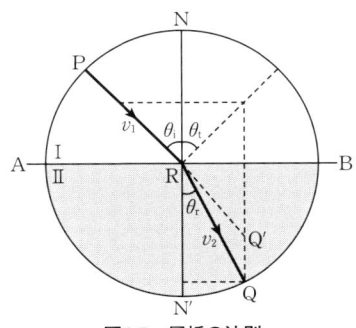

図6.5 屈折の法則

けの深さを h とすれば,

$$h = \frac{H}{n}$$

となる。水の屈折率を $n = 1.33$ とすると，$1/n = 0.75$ となり，25％ほど浅く見えることになる。　■

表6.1　身近な物質の屈折率

気体		液体		固体	
空気	1.000278	水	1.3330	氷	1.31
窒素	1.000297	エチルアルコール	1.3618	石英ガラス	1.4602
酸素	1.000272	メチルアルコール	1.3290	水晶	1.5462
水素	1.000138	ベンゼン	1.5012	岩塩	1.5475
ヘリウム	1.000035	ジュードメタン	1.737	方解石	1.6616

例題6.2　(1)〜(6)のような形のガラスに入った光は，それぞれどのように進むか。正しいものを，各々の①〜④の中から1つ選びなさい。

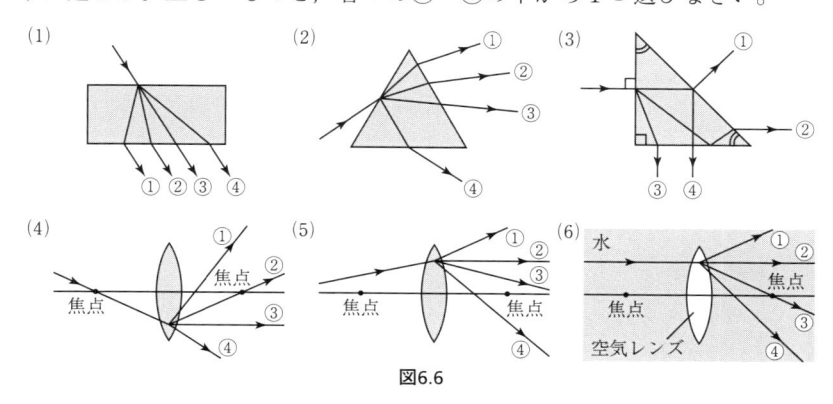

図6.6

解　(1)②，(2)②，(3)④，(4)③，(5)③，(6)①　■

目に入る明るさは，輝度ではなく照度[5]で測る。照度の単位は lx（ルクス）である。lx は $1\,\mathrm{m}^2$ あたり $1\,\mathrm{lm}$（ルーメン）の光束が当たる照度である。

---

[5] 照度は，可視光がある面を照らすときの単位面積あたりの光束である。輝度は対象とする面がどれだけ光を出しているかを示す。輝度が能動，照度が受動だと考えておけばよい。なお，カンデラはロウソクを意味するラテン語に由来している。

第 6 章　光と原子

1 lm は，1 cd（カンデラ）の点光源から立体角 1 sr（ステラジアン）内に発せられる放射エネルギーである。1 cd は，ロウソク 1 本の明るさにほぼ等しい（100W の電球は約 130cd である）。明るさの表現は，なかなか複雑である。

昼間と夜の明るさはどうか。晴天 10^5 lx，雨天 10^3 lx，街灯 10 lx，満月 10^{-1} lx，新月の夜の星空 10^{-3} lx であり，晴天と星空の明るさの比は 10^8（1 億倍）である。太陽から地球大気に届くエネルギー量を太陽定数（7.1 節で論じる）といい，その量は 1.37 kW/m^2 = 1.37 × 10^3 × 683 lx = 9.36 × 10^5 lx である。これは，晴天の明るさの 9 倍以上の明るさを示しているが，それは，太陽光の向きに対する地表面の傾き，大気の影響などの効果のためである。

見える大きさは，網膜上にできる像の大きさで決まる。ものをしっかりと見るには，眼をできるだけ対象物に近付けて視角[6]を大きくして，見かけの大きさを大きくする。しかし，近くのものの像を網膜上に結ぶには，眼球の周りの筋肉を強く緊張させなくてはならず，これには限度がある。健康な眼でよく見るためには，眼から 25 cm のところに対象物を置くとよい。これを明視の距離という。明視の距離に対象物を拡大するのがルーペである。

例題6.3　焦点距離 10 cm の凸レンズをルーペとして使用する。明視の距離に拡大された像ができるものとして，像の倍率はいくらか。

解　眼はレンズのすぐ後ろに置き，拡大された虚像はレンズの前方につくられる。凸レンズの中心から物体までの距離を a，レンズがつくる像までの距離を b，レンズの焦点距離を f とすれば，

$$\frac{1}{a} + \frac{1}{b} = \frac{1}{f} \tag{6.2}$$

が成り立つ。この式に $f = 10$，$b = -25$ を代入すれば，$a = \dfrac{50}{7}$ となる。これより倍率は，

$$倍率 = \left|\frac{b}{a}\right| = 3.5$$

---

[6]　視角は，目（虹彩の中心）と対象物の両端とを結ぶ 2 つの直線のなす角である。

となる。　　　　　　　　　　　　　　　　　　　　　　　　■

> **10分補講**
>
> ## 光学小史
>
> 光の直進性と反射の法則は，2000年以上も前から読み継がれている幾何学の著である『原論』（前300年頃の書）の著者ユークリッド（Euclid，生没年不明）による『反射光学』に記載されている。この本がそれまでの知識の集大成として執筆するスタイルであったことから推察すると，2つとも以前から知られていた知識であったと思われる。少なくとも，タレス（Thalēs，前625〜546）はピラミッドの高さをその影の長さから測っており，光の直進性と幾何学が同じ歴史を歩んでいたことは，この例となる。また，『反射光学』の影響は，アルキメデス（Archimedes，前287〜212）が凹面鏡を用いて敵の船を焼いたということ（逸話）から察することができる。
>
> 屈折の法則は，プトレマイオス（Ptolemaeus，85〜165）が経験的に見出そうとしていた。しかしこれ以後，光学は他の自然学同様に行き詰まり，大いなる休止に入った。本格的な発展は，望遠鏡の発明（1608年）まで待たねばならなかった。
>
> ケプラーが屈折の法則を小角度で考察して先鞭をつけ，スネル（W. R. Snell，1591〜1626）が実験的に見出し，デカルト（René Descartes，1596〜1650）が正弦比で表して，現在のようなかたちとした。
>
> フェルマー（P. Fermat，1601〜1665）は，デカルトの導出方法とは異なり，自然は最短距離をとって作用するという最小時間の原理[7]から屈折の法則を導出した（1657年，1661年）。このフェルマーの方法は，自然の本質を探究する姿勢の見本となり，運動学の基礎となる最小作用の原理の構築の道をつくった。

---

[7] 言い換えれば「光は伝播に要する時間が最小になるような経路を選ぶ」となる。これをフェルマーの原理という。

光を波動として捉えて，直進，反射，屈折を説明したのは，ホイヘンスであり，ホイヘンスの方法を拡張して干渉と回折現象を説明したのが，フレネル (A. J. Fresnel, 1788 ～ 1827) である。

6.2　空の色

太陽からの光は，いろいろな色の光が含まれた白色光である。この光が地球大気に入ってくると，気体分子によって散乱される。この散乱は，分子の方向が定まっていないため，あらゆる方向に起こる。つまり，エネルギーはあらゆる方向に散らばってしまう。光が気体分子と散乱する確率が高く，気体密度が大きいならば地上まで届かず，大気に散逸してしまう。太陽から地球大気に入射する光の強度と，大気によって散乱が起こる強度の比は，

$$\frac{散乱波強度}{入射波強度} = \frac{8\pi^4 N\alpha^2 (1 + \sin^2\theta)}{\lambda^4 R^2} \quad (6.3)$$

で計算できる。N は気体分子の数，α は気体分子の分極率，θ は散乱角，λ は入射光の波長，R は散乱体と観測者との距離を示している。また，散乱体の大きさが $\lambda/10$ 以下であること，散乱に際して波長変化を伴わないことという仮定がある。気体分子の大きさは λ に比べて十分に小さく，光は分子に吸収されるが波長を変えずにただちに放出されるため，波長の変化は起こらない。このような光の散乱をレイリー散乱といい，式 (6.3) をレイリー散乱の式という[8]。

レイリー散乱は $1/\lambda^4$ に比例している。青っぽい光の波長は 380 nm あたり，赤っぽい光の波長は 760 nm あたりなので，波長の比はおよそ 1:2 といえる。レイリー散乱される度合いは，青い光が赤い光の 16 倍大きい。至るところで散乱された青っぽい光が目に入るため，空全体が青っぽく見える。また，朝や夕方では，太陽光が空気の層を長い距離通過するため，

---

[8]　レイリー (Lord Rayleigh, 1842 ～ 1919) が，太陽光の散乱を分子振動の観点から研究を始めたのは 1871 年である。まだ，電子は発見されていなかった。流体力学，熱学，光学，電磁気学など多くの物理学分野で活躍した 19 世紀を代表する物理学者である。レイリー卿となったのは，31 歳のときである。それまでは，ウィリアム・ストラット (John William Strutt) と呼ばれていた。

青っぽい光はほとんど散乱され，あまり散乱されにくい赤っぽい光だけが目に届くため，朝焼けや夕焼けが起こる．

例題6.4 薄い雲がかかると，空の色は白っぽくなる．なぜだろうか．

解 雲を形成している水滴の直径は 10^{-6}m（= 1000 nm）程度で，可視光の波長 380 nm 〜 770 nm より大きいため，レイリー散乱ではなく多重散乱を起こし，どの波長の光もほぼ同じ割合となり，色は失われる．このため，すべての色が混じって白っぽくなる[9]． ■

6.3　バルマーの式

　光は，原子に吸収され，放出される．その光のスペクトルを調べると，どの原子から放出された光であるかがわかる．

　スペクトルという言葉は，ニュートンの造語である．ニュートンは，プリズムに太陽光を通すと，無色だった光が，赤，オレンジ，黄，緑，青，紫[10] からなる光の帯になることを知り，この光の帯を，ラテン語の幽霊を意味するスペクトルと呼んだ．

　19 世紀中頃，物質や天体のスペクトル測定から分光学の基礎が築かれて，多くの元素が発見され，光と元素との関係の理解が進んだ．バルマー（J. J. Balmer, 1825 〜 1898）は，スペクトル間に規則性があることに気づいた．バルマーは，数学で学位は得たが，研究者というより教師であった[11]．彼は，水素スペクトル可視部の 4 本の線に着目して，その規則性を見出した（1885 年）．4 本のスペクトル線の波長は，6563Å（赤），4861Å（青），4341Å（藍），4102Å（菫）である（図 6.7）．ここで，Å（オングストローム）は分光学でよく用いられた単位[12]で，1Å = 10^{-10}m である．バルマーの方法に従って，この 4 つの数の規則性を見つける．

---

9)　散乱体の大きさが可視光の波長に比べて無視できない場合の光の散乱は，ミー散乱で解析する．名の由来は，ミー（Gustav A.F.W.L. Mie, 1868 〜 1957）の 1908 年の論文による．
10)　スペクトルに紫はないが，ニュートンは『光学』において，菫色を紫と記している．
11)　バーゼル大学で学位を得た 24 歳のときから，地元バーゼルにある高等女学校の教師として 73 歳で亡くなるその日まで，その職務を全うした．
12)　この単位は，オングストローム（A.J. Ångström, 1814 〜 1874）が太陽のスペクトル線を測定したとき（1868 年）に用いたことから使われるようになった．

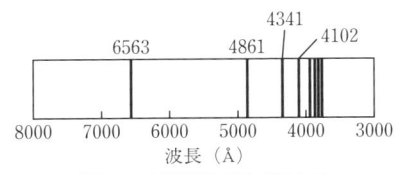

```
                        4341
        6563    4861  | 4102
   ┌─────┬──────┬─────┼┼┼──┐
   │     │      │     │││  │
   └─────┴──────┴─────┴┴┴──┘
  8000 7000 6000 5000 4000 3000
     波長（Å）
```

図6.7　水素原子のスペクトル

$\lambda_0 = 3646\,\text{Å}$ として，これら4つの波長を λ_0 で割ると，

　　赤：1.800　　青：1.333　　藍：1.190　　菫：1.125

という数になる。これらを分数で表現すると，

$$\frac{9}{5},\ \frac{4}{3},\ \frac{25}{21},\ \frac{9}{8}$$

となる。これら分数を，

$$\frac{9}{5},\ \frac{16}{12},\ \frac{25}{21},\ \frac{36}{32}$$

とすると，

$$\frac{3^2}{3^2-4},\ \frac{4^2}{4^2-4},\ \frac{5^2}{5^2-4},\ \frac{6^2}{6^2-4}$$

と表せる。これら4つの数を1つの式で表現すると，

$$\lambda = \lambda_0 \left(\frac{n^2}{n^2 - 2^2} \right), \quad \text{ただし，} n = 3,\ 4,\ 5,\ 6 \tag{6.4}$$

となる。この逆数をとれば，

$$\frac{1}{\lambda} = R_\text{H} \left(\frac{1}{2^2} - \frac{1}{n^2} \right), \quad \text{ただし，} n = 3,\ 4,\ 5,\ 6 \tag{6.5}$$

となる。これをバルマーの式という。

例題6.5　式 (6.5) の係数 R_H の値を求めよ。

解　式 (6.4) から (6.5) を導くとわかる。

$$R_\text{H} = \frac{4}{\lambda_0} = \frac{4}{3.646 \times 10^{-7}} = 1.097 \times 10^7\,\text{m}^{-1}$$

この R_H をリュードベリ定数[13]という。　■

バルマーの式は，リュードベリ（J. R. Rydberg, 1854〜1919）らによって，可視光ばかりでなく，紫外線領域でも，赤外線領域でも成り立つよ

---

[13] リュードベリ定数の正確な値は，$1.0973731568525 \times 10^7\,\text{m}^{-1}$ である。

うに一般化された。これは，次のような式である。

$$\frac{1}{\lambda} = R_\mathrm{H}\left(\frac{1}{m^2} - \frac{1}{n^2}\right), \ m < n \tag{6.6}$$

$m = 1$ のときは紫外線領域でのスペクトル系列を示し，発見者にちなんでライマン系列という。$m = 2$ のときは可視光領域でバルマー系列，$m = 3$ のときは赤外線領域でのパッシェン系列，$m = 4$ のときは遠赤外線領域でブラケット系列，また，$m = 5$ のときは遠赤外線領域でフント系列という[14]。

6.4　ラザフォードの原子模型

ケルビンは，J. J.トムソン[15]が電子を発見した年（1897年）に，原子は構造をもっているとして正電荷雲モデルを提案した。これは原子が，数個の電子とそれを打ち消す正電荷を帯びた空間からなるとした原子モデルである。電子はこの正電荷球の中を運動している。ケルビンは，この拡がりをもった空間内での電子分布を論じた。

J. J.トムソンは，1903年に行ったイェール大学での講演「電気と物質」において，原子構造論を正電荷雲モデルの延長で論じた。彼は電子の半径を約 10^{-15} m と見積もっていた[16]こともあり，正に帯電した空間はこれより広い空間（約 10^{-10} m）と想定し，その大きさは無視できるものとした。原子の質量は，すべて電子が担うことになるため，電子は数千個を必要とした。一様に正に帯電した空間内に，数千個の電子を正電荷球と電子間の静電気力の均衡にある円の周辺に等間隔に配置し，それが振動することにより光の吸収と放出を行うとしたモデルである。

長岡半太郎（1865 ～ 1950）は，1903年12月に行われた東京数学物理学会通常会の講演「すぺくとる線ト放射能㐧ヲ説明シ得ル原子内分子ノ運動

---

[14]　ライマン（T. Lyman, 1874 ～ 1954）の発見は 1906 年，パッシェン（L. C. H. Paschen, 1865 ～ 1947）の発見は 1908 年，ブラケット（P. M. S. Blackett, 1897 ～ 1974）の発見は 1922 年である。

[15]　J. J.トムソンは，キャベンディッシュ研究所 3 代目所長である。初代がマクスウェル，2 代がレイリー，4 代目がラザフォードである。

[16]　古典電子半径は，2.818×10^{-15} m である。

ニ就テ」[17] において，独自の原子模型を提案した．長岡の原子模型は，正に帯電した球を中心とした周回軌道上に電子を運動させた有核模型である．土星を正電荷球とし，そのリングを電子軌道と捉えられて，土星模型と呼ばれた．しかし，電子が周回軌道上を加速度運動しているならば，エネルギーを放出して，瞬時に中心にある正電荷球に落ち込んでしまう．すなわち，原子の安定性を説明できない問題を抱えていた．

電子は，正電荷球の中にあるのか，それともその周りを軌道運動しているのか，これらの仮定を確かめる実験は行われていなかった．また，J. J.トムソンは陰極線の研究者，そして長岡は磁歪(じわい)の研究者であり，いずれもスペクトルの専門家ではなかった．現在の標準原子模型を考え出したラザフォード (Ernest Rutherford, 1871～1937) も，J. J.トムソンの弟子であり，α粒子がヘリウム原子の原子核であることを確認した放射能の研究者である[18]．

ラザフォードは，1909年に弟子のガイガー (H. W. Geiger, 1882～1945) とマースデン (E. Marsden, 1889～1970) に実験を行わせ[19]，その結果から原子模型をつくった．模型のもととなった実験は，物質によるα線の散乱実験である．α粒子の速度，標的物質の量，種類，それに観測する角度などを変えて，α線が物質を通過する際にどの程度散乱されるかを知るためである．ガイガーが，入射α粒子が8000個のうち1個の割合で完全に向きを変えられてしまうことを発見し，それをラザフォードに報告した．その散乱のようすが図6.8(a)である．ラザフォードは，「これは，紙に向かって発射した砲弾が跳ね返ってきたようなものだ」と驚いた．ガイガーは，学部学生のマースデンの協力を得て，この現象が検証できるように装置を改良し，金箔によるα線の散乱実験を行った．標的は，4×10^{-7} mほどに薄くした金箔である．この実験装置を図6.8(b)に示した．

ラザフォードは，この実験結果の説明を得るのに2年間を費やし，1911

---

17) 分子という言葉はまだ定着しておらず，ここでは分子を電子の意味で使用している．
18) α線とβ線という名をつけたのもラザフォードである．ソディー (F. Soddy, 1877～1956) とともに元素の崩壊，原子核変換実験など核物理のフロンティアとなった．
19) ラザフォードが直接実験を行わなかったのは，眼が疲れていたからである．彼は，このため，1908年から2年ほど，実験をガイガーに行わせていた．

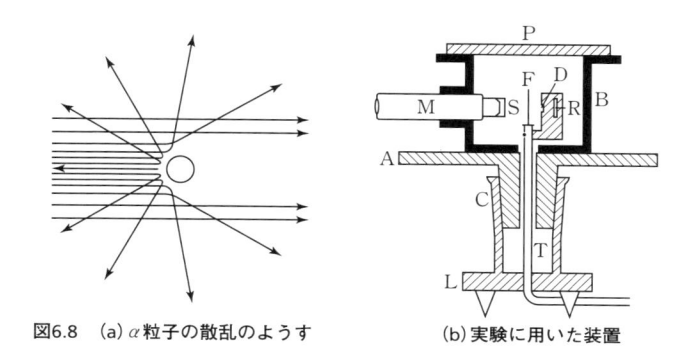

図6.8 (a) α粒子の散乱のようす　(b) 実験に用いた装置

年5月に論文「物質によるα粒子およびβ粒子の散乱と原子構造」を発表した。ガイガー - マースデンの実験結果を，多重散乱ではなく単一散乱において説明した。また考察の欄に，原子には極めて小さな体積に分布する中心電荷があると仮定することが最も自然であると書かれている。これが，原子構造の発見であると同時に，原子核の発見であると捉えられている。

例題6.6　原子の半径は約 10^{-10} m，原子核の半径は約 10^{-15} m である。原子核をソフトボール（円周 30.5 cm）にたとえると，電子は原子核からどのくらいの距離にあるか。

解　野球のボールは円周 30.5 cm なので，半径は 4.86×10^{-2} m である。これは，原子核の半径の 4.86×10^{13} 倍である。これに原子半径 10^{-10} m を乗じると，4.86×10^3 m = 4.86 km となる。山手線の周長は 34.5 km なので，これを円と見立てれば半径 5.5 km となる。原子核を野球のボールの大きさとし，それを中央に置くと，電子はおよそ山手線の上を運動していることになる。　■

6.5　ボーア理論

ボーア（Niels H. D. Bohr，1885 ～ 1962）は，学位取得後の 1911 年 9 月にキャベンディッシュ研究所の J. J. トムソンのところに留学した。しかし，J. J. トムソンは多忙のため，ボーアにとっては満足のいく研究環境ではなかった。このことを理由に，1912 年 3 月からマンチェスターのラザフォードのところに移動した。ガイガーとマースデンは，ラザフォード

のα線散乱理論の検証実験を続けていた（図 6.8 は，その実験の 1913 年論文）。ボーアは，ラザフォードの原子模型に着目し，その重要性を意識した。彼は，留学中におぼろげながらこの問題の解法の道を見つけ，コペンハーゲンに戻った。

ボーアは，ラザフォードの原子模型を理論的に説明するため，次の仮説を設けた。

①原子内には定常状態が存在する。定常状態では電子は安定である[20]。

②定常状態のエネルギーは飛び飛びの値をもち，定常状態間の遷移[21]にはエネルギーの吸収あるいは放出が伴う。それは，エネルギーの低い状態 E_1，高い状態 E_2 の 2 つの状態で考えれば，

$$E_2 - E_1 = h\nu \tag{6.7}$$

となる。ここで，h はプランク定数（$h = 6.62607 \times 10^{-34}$ J·s），ν は振動数である。

①の定常状態の条件は，

$$m_e v r = \frac{nh}{2\pi} \tag{6.8}$$

を満たすことである。ここで，m_e は電子質量，r は電子の軌道半径，v は電子の軌道速度の大きさ，n は正の整数（$n = 1, 2, 3, \cdots$）である。

ボーアは，これらの仮説をもとにして，ラザフォード模型を基本的描像として議論を始めた。ラザフォード模型より，$+Ze$ の電荷をもつ原子核を中心とした半径 r の円軌道上を，1 つの電子が運動しているとする（Z は原子番号）。電子は原子核から静電気力を受け，円運動していることにより遠心力を受ける。これらの大きさは等しいため，

$$k \frac{Ze^2}{r^2} = \frac{m_e v^2}{r} \tag{6.9}$$

が成り立つ。ここで k は，

$$k = \frac{1}{4\pi\varepsilon_0} = 8.988 \times 10^9 \text{ N·m}^2 \text{ C}^{-2} \tag{6.10}$$

---

[20] これは大胆な仮説である。電子は定常状態にある限り，加速度運動していても電磁波を放射しない，ということになる。

[21] 遷移とは，外部からの作用で，ある定常状態から別の定常状態に移る現象のことである。

であり，ε_0 は真空誘電率である。式 (6.8) と式 (6.9) から，電子の軌道半径 r は，

$$r = \left(\frac{n^2}{Z}\right)\frac{1}{k}\frac{h^2}{4\pi^2 m_e e^2} = a_0 \times \left(\frac{n^2}{Z}\right) \tag{6.10}$$

となる。ここで，a_0 はボーア半径といい，$a_0 = 5.292 \times 10^{-11}$ m の値をもつ。$Z = 1$ は水素原子を意味するので，ボーア半径は水素原子 ($n = 1$) の半径を示す。また，電子の軌道速度の大きさ v は，

$$v = \left(\frac{Z}{n}\right)k\frac{2\pi e^2}{h} = \frac{c}{137} \times \left(\frac{Z}{n}\right) \tag{6.11}$$

となる。c は真空中の光速度である。水素原子 ($Z = 1$, $n = 1$) の電子の軌道速度の大きさは 2.19×10^6 m/s であることがわかる。

例題6.7 星間空間には，n が大きな水素原子 ($Z = 1$) が存在する。このように，n の大きな原子をリュードベリ原子という。水素原子 ($Z = 1$, $n = 30$) の半径と電子の軌道速度の大きさはいくらか。

解

$$r = a_0 \times \left(\frac{900}{1}\right) = 4.76 \times 10^{-8} \text{ m}$$

$$v = \frac{c}{137} \times \left(\frac{1}{30}\right) = 7.30 \times 10^4 \text{ m/s}$$

電子のエネルギー E は，

$$E = \frac{1}{2}m_e v^2 - k\frac{Ze^2}{r} \tag{6.12}$$

である。式 (6.9) を用いると，位置エネルギーだけで記述できる。これに式 (6.10) を代入すると，

$$E = -k\frac{Ze^2}{2r} = -\left(\frac{Z}{n}\right)^2 \times \frac{2\pi^2 k^2 m_e e^4}{h^2} = -13.6 \text{ eV} \times \left(\frac{Z}{n}\right)^2 \tag{6.13}$$

となる。eV は電子ボルトあるいはエレクトロン・ボルトという。1 eV は 1 V の電圧をかけることにより，電子 1 個が得る運動エネルギーで，原子，原子核，素粒子などの分野でよく使われるエネルギーの単位である。 ■

例題6.8 1 eV は，何 J か。

解 電子の電荷は 1.6022×10^{-19} C なので，1 eV = 1.6022 ×

10^{-19} C $\times$ 1 V $= 1.6022 \times 10^{-19}$ J となる。

原子内電子の軌道半径 r,軌道速度 v,電子のエネルギー E は,

$$r \propto n^2, \quad v \propto \frac{1}{n}, \quad E \propto \frac{1}{n^2} \tag{6.14}$$

と n に依存する。エネルギー E は,n の値が最も小さいときに最小値をとる。n の最小値は 1 であり,$n = 1$ のときのエネルギーを E_1 とする。E_1 を基底状態という。基底状態にある原子は,外部からエネルギーの供給がない限り,永久にこの状態に留まっている。また,基底基準として,$E_2, E_3, \cdots, E_n, \cdots$,と高い状態が決まる。このエネルギーの高い状態を励起状態といい,各々の定常状態をエネルギー準位という。また,式 (6.13) は電子を束縛しているエネルギーなので,このエネルギーを与えると電子は原子から離れて自由になる。これを電離あるいはイオン化といい,このエネルギーを電離エネルギーあるいはイオン化エネルギーという。例えば,水素原子 ($Z = 1$) の基底状態 ($n = 1$) にある電子は,式 (6.13) より,13.6 eV を与えると電離して水素イオンとなる。

ここで,エネルギー準位 E_n から E_m への遷移を考える。仮説②の説明の式 (6.7) に式 (6.13) を代入すると,

$$h\nu = E_n - E_m = -\frac{2\pi^2 k^2 m_e e^4}{h^2} Z^2 \left(\frac{1}{n^2} - \frac{1}{m^2} \right)$$

となる。$\nu = c/\lambda$ を用いて,波長の逆数で表すと,

$$\frac{1}{\lambda} = \frac{2\pi^2 k^2 m_e e^4}{ch^3} Z^2 \left(\frac{1}{m^2} - \frac{1}{n^2} \right) \tag{6.15}$$

となる。これは,一般化されたバルマーの式 (6.6) と同じ形をしている。すなわち,

$$\frac{1}{\lambda} = Z^2 R_{\mathrm{H}} \left(\frac{1}{m^2} - \frac{1}{n^2} \right) \tag{6.16}$$

となる。これは,ラザフォードの原子模型を仮定して,バルマーの公式を導出したこと,それに原子と原子スペクトルの関係が (初めて) 明らかになったことになる。ライマン系列,バルマー系列,パッシェン系列と個別に理解されていたスペクトル線の経験式が,統一的に理解することができた。これは,原子模型を提唱したケルヴィン,J. J.トムソン,長岡,ラザフォードがまったく気づかない箇所であり,視点であった。

また，スペクトル測定からでしか知り得なかったリュードベリ定数を

$$R_\mathrm{H} = \frac{2\pi^2 k^2 m_e e^4}{ch^3} \tag{6.17}$$

と基本定数で表すことができた。ボーア理論は定性的なことばかりか，検証可能性をもった理論であることがわかった。

例題6.9 式 (6.17) を計算してリュードベリ定数を求めよ。

解

$$\frac{2\pi^2 k^2 m_e e^4}{h^2} = 13.6\,\mathrm{eV} = 2.18 \times 10^{-18}\,\mathrm{J}$$

を利用すると，

$$2.18 \times 10^{-18}/(3.00 \times 10^8 \times 6.63 \times 10^{-34}) = 1.10 \times 10^7\,\mathrm{m}^{-1}$$

となる。測定値と一致しており，ボーア理論の正確さを語っている。■

6.6　パウリ原理

原子の構造が理解できる 40 年以上も前に，元素の周期性は発見されている。1869 年，マイヤー (L. Meyer, 1830 〜 1895) とメンデレーエフ (D. I. Mendeleev, 1834 〜 1907) が独立に発見した元素の周期律である。

しかし，ボーア理論ではこの元素の周期性を説明することができない。イオン化エネルギーと原子の体積の原子番号 Z 依存性を見てみる。式 (6.13) から，イオン化エネルギー E は $E \propto Z^2$，式 (6.11) を使うと原子の体積 V は $V \propto Z^{-3} = \dfrac{1}{Z^3}$ となる。しかし実験によると，イオン化エネ

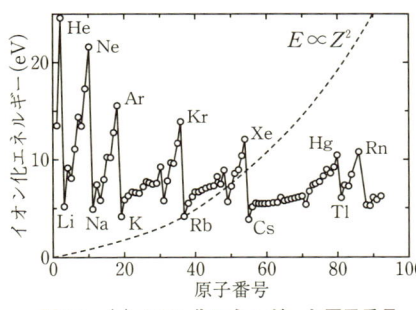

図6.9　(a) イオン化エネルギーと原子番号　　(b) 原子の体積と原子番号

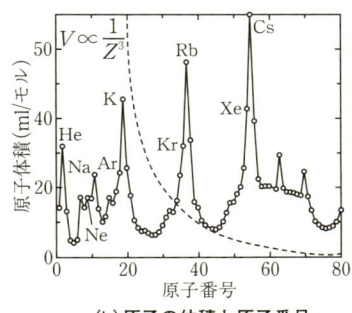

ルギーは，図 6.9 のように希ガスごとにピークをとる周期性をもっており，Z^2 に比例して増加はしていない（むしろ減少している）。これは，原子の体積においても同様である。図 6.9 は，アルカリ金属のところでピークをもった周期性を示していて，$1/Z^3$ に比例して減少はしていない（むしろ増加している）。いずれもまったく一致していない。

イオン化エネルギーが高いということは，安定した原子構造となっていることを意味している。これは，原子の体積を最小にする Z と一致する。図 6.9 の極小値がほぼ同じ値をもっていることに着目すると，Z が増加して電子が増えていくと，定常状態の各々が占める体積は小さくなるが，その一方で電子が占有している状態の数は増大するため，原子の体積は見かけ上一定に保たれることになる。電子は，基底状態にぎっしり詰まっていることはなく，また，他の定常状態も多数の電子を占有することを禁止する原理がなくてはならない。これが，「1 つの電子状態には 1 個の電子しか入れない」というパウリ原理である。

パウリ原理は，1924 年，パウリ（Wolfgang Pauli，1900 ～ 1958)[22] が磁場によるスペクトル線の分離を説明するために導入した基本原理である。当初は，排他原理と呼んでいた。

ボーアと共同研究者は，パウリ原理を使って，水素からウランに至る原子の周期性を説明することができた。パウリ原理は，ボーア理論の破綻を救ったのである。パウリの決定的な寄与のおかげで，原子内の電子配置の量子数が決まった。主量子数 $n(1, 2, 3, \cdots)$，方位量子数 $l(0, 1, 2, \cdots, n-1)$[23]，磁気量子数 $m(-l, -l+1, \cdots, -1, 0, 1, 2, \cdots, l-1, l)$，スピン $s(1/2, -1/2)$ の 4 つの量子数で，原子内の電子の配置が決まる。原子内には，これら 4 つの量子数すべて同じ電子はない（このため住所にたと

---

[22] パウリは，神童であった。大学入学前に一般相対性理論を理解し，その能力を認められ，20 歳のときに『数理科学全集』の相対論の章の執筆を任せられた。現在，この章は本となっている。パウリ原理の他，電子スピン，ニュートリノの存在予言など量子力学の創設に多大な貢献をした。理論家は実験が苦手という風潮の中，逆に彼はその最先端をいく存在であった。しかし実験装置と相性が合わないどころか，彼がいると装置が壊れるといわれた。物理の世界では，これをパウリ効果といった。
[23] 方位量子数には，$l = 0$ を s，$l = 1$ を p，$l = 2$ を d，$l = 3$ を f，$\cdots$，と名がつけられている。

例題6.10 原子内の電子配置は，電子が入っている軌道をエネルギーの低い状態から順に記述する。方位量子数 l については，$l=0$ を s，$l=1$ を p，$l=2$ を d，$l=3$ を f，…，と呼ぶ約束があるので，H：$1s^1$，He：$1s^2$，Li：$1s^2 2s^1$ のように記述する。ネオンの原子番号は10，アルゴンの原子番号は18，鉄の原子番号は26である。これらの電子配置を書きなさい。

解 Ne：$1s^2 2s^2 2p^6$，Ar：$1s^2 2s^2 2p^6 3s^2 3p^6$，
Fe：$1s^2 2s^2 2p^6 3s^2 3p^6 4s^2 3d^6$

10分補講

周期表

1473年2月19日は，地動説（太陽中心説）で知られているコペルニクスの誕生日である。この日から537年後の2010年同日，112番元素が「コペルニシウム（Cn）」と命名された。この元素は，GSI（ドイツの重粒子線研究所）において1996年に合成された元素である。合成して'元素'をつくるという自己矛盾した言葉を使わざるを得ないのは，複合粒子である原子を元素と呼んでいるためである。原子もそうである。原子を意味する atom の語源は，ギリシア語の atomos である。この atomos は，否定語の 'a' と，分割を意味する 'toms' からなる言葉である。すなわち，atom は分割不可能な究極の粒子を意味していた。'原子' もその意味を込めた訳語で，粒子の源の意味で名付けられたのである。

閑話休題。元素の命名は，このように人名がついたもの，地名のついたものが多くある。96番のキューリウムはマリー・キュリー，99番のアインスタイニウムはアインシュタイン，100番のフェルミウムはフェルミ（Enrico Fermi, 1901～1954），101番のメンデレビウムはメンデレーエフ，102番のノーベリウムはノーベル（Alfred B. Nobel, 1833～1896），103番のローレンシウムはローレンツ（H. A. Lorentz, 1853～1928），104番のラザホージウムはラザフォード，

…，大きな原子番号に多い。

　地名のついた元素は，84 番のポロニウムがマリー・キュリーの母国ポーランドであることは有名だが，地名に詳しくないと気づきにくい元素もある。63 番のユウロピウムはヨーロッパ，95 番のアメリシウムはアメリカ，21 番のスカンジウムはスカンジナビア，87 番のフランシウムはフランス，32 番のゲルマニウムはドイツであることはたやすく察することができる。しかし，38 番のストロンチウムがスコットランドのストロンチアン，67 番のホルミウムがラテン名ホルミアのストックホルム，71 番のルテチウムが古代ローマ名ルテチアのパリ，72 番のハフニウムがラテン名ハフニアのコペンハーゲン，75 番のレニウムがラテン名レヌスであるライン川，などはわかりにくい。気づいたであろうか。スウェーデンの鉱山町イッテルビーは，39 番のイットリウム，70 番のイッテルビウム，65 番のテルビウム，68 番のエルビウムがこの地名の一部をとった名で，何と 4 つの元素名となった町である(周期表は p.202)。

章末問題

6.1 平面鏡の前で直立して全身を映し出したい。身長に比べ，鏡の鉛直方向の長さはどのくらいあればよいか。

6.2 光源 A と光源 B を 1 m 離し，A から 30 cm の位置についい立てを置いたところ，両面の照度は同じであった。A の光度を 50 cd であるとすると，B の光度はいくらか。

6.3 水は透明だが，深いプールの水は青緑色に見えるのはなぜだろうか。

6.4 口径 $D = 5$ m の天体望遠鏡によって，2 つの星を見分けることのできる最小の角間隔 θ はいくらか。光の波長 λ を 590 nm として計算せよ。ただし，$\theta = 1.22\,\lambda/D$ で表される。

6.5 ラザフォードの原子模型では，原子の安定性が保てないとされた理由は何か。

6.6 水素原子の第 4 励起状態 ($n = 5$) から第 1 励起状態 ($n = 2$) への遷移によって放出される光の波長はいくらか。

第7章

地球，少なくともそこに生息する生命体にとって，太陽は重要なエネルギー放射体である．太陽は，どのくらいのエネルギーを放出しているのだろうか．どのようなメカニズムで，また，いつまで輝いているのだろうか．

太陽のエネルギー

7.1 太陽定数

大気圏外において太陽に垂直な $1\,\mathrm{cm}^2$ の面が，1分間に受け取るエネルギーは $1.96\,\mathrm{cal}$ である．この $1.96\,\mathrm{cal/cm^2 \cdot 分}$ を太陽定数[1]という．エネルギーの単位をカロリー（cal）で表したのは，歴史的なこともあるが，覚えやすいためでもある．$1\,\mathrm{cal}$ は純水 $1\,\mathrm{g}$ の温度を $1\,°\mathrm{C}$ 上昇させるのに必要な熱量[2]なので，太陽定数は水 $1\,\mathrm{cm}^3$ が1分間に約 $2\,°\mathrm{C}$ 上昇する熱量に相当する．SI単位系では $1\,\mathrm{cal} = 4.186\,\mathrm{J}$ なので，太陽定数は

$$1.96\,\mathrm{cal/cm^2 \cdot 分} = \frac{1.96 \times 4.186\,\mathrm{J}}{60\,\mathrm{s}} \times \frac{1}{(10^{-2})^2\,\mathrm{m}^2} = 1.37 \times 10^3\,\mathrm{J/s \cdot m^2} \tag{7.1}$$

---

[1] 太陽定数は，長年の観測結果で3桁の精度で一致がみられるため，慣例として「定数」と呼ばれているが，太陽の11年活動とともに時間変動していることもあって，正確な意味では定数ではない．このため現在では，太陽定数とは呼ばず，太陽全放射量と呼ぶことが提唱されている．しかし，この呼び名は，地球に届いた放射量ではなく，太陽が放射している全エネルギー量を意味する量と解されてしまう可能性がある．

[2] カロリー（cal）の正確な定義は第1章（p.13）にある．現在，カロリーは熱量のSI単位として認められておらず，ジュールあるいはワット・秒を使うことになっている．カロリーは，人や動物が摂取・消費する熱量にのみ用いることになっている．

となる。1 J/s ＝ 1 W であるので，これは，1.37 kW/m² と書ける[3]。単位が簡単なため，最近はこの単位で太陽定数を表示している場合が多い。

太陽定数は，地球の大気圏外での太陽に正対する単位面積が単位時間に受ける太陽放射量なので，測定は大気圏外で行わなければならない。しかし，人工衛星を用いるなど，大気圏外での直接測定が可能となるまでは，地上での測定値あるいは高山での観測測定値を，大気の影響がないところまで外挿した値を用いていた（地上では，およそ 1/2 に減少する）。

また，太陽の表面温度と直接関係する量であるため，太陽 - 地球間の距離に依存する。地球は太陽を 1 焦点とする楕円軌道上を運行しているため，太陽までの距離は年間を通じて変化する。このため，太陽定数は，地球が太陽から平均軌道長半径 $1.49597870 \times 10^{11}$ m（約 1.5 億 km）の位置にあるとした計算値とされている。地球の平均軌道長半径を 1 天文単位といい，天文学において長さの基準となっており，AU と記している[4]。これから，1 AU は既知であるとして，多くのことを導く。これらから，対象物までの距離を知ることがいかに大切であるかを知っていただきたい。

例題7.1 地球が太陽を 1 焦点とした楕円軌道を運動していることを暦から考えてみる。春分の日から秋分の日までの日数と，秋分の日から春分の日までの日数を調べなさい。この日数差より，地球軌道の離心率 e[5] を求めよ。離心率 e は楕円の形がどのくらい偏平であるかを示す値である。$e = 0$ なら円である。

解 2010 年の春分の日は 3 月 21 日，秋分の日は 9 月 23 日である。図 7.1 において，太陽は点 F に位置し，地球はこの楕円上を A（春分）→ B → M（夏至）→ C → D（秋分）→ N（冬至）→ A と運行する。この年の春分の日から秋分の日までの日数は 186 日（FABOCDF の面積に対応），秋分の日から春分の日までの日数は 179 日（FDNAF の面積に対応）となる。この 7 日間の差は，地球が楕円軌道上を運行しているためである。図

---

[3] 1 J は，1 W の電球を 1 秒間点灯するためのエネルギーと考えておこう。

[4] 天体力学では平均軌道半径というが，単に地球と太陽との平均距離という場合が多い。AU は，Astronomical Unit の頭文字からの命名である。

[5] 図 7.1 の MN（$= 2a$）を長軸，BC（$= 2b$）を短軸という。離心率 e は，$e = \sqrt{a^2 - b^2}/a$ で表される。

7.1 は，長半径を 1 とした地球軌道の離心率 e の楕円（中心 O）である。図中にある帯状の形 ABOCDF の面積は，縦 2・横 e の長方形 ABCD の面積 $2e$ と近似できる。この面積の 2 倍が日数差の 7 日間，楕円全体の面積が 365 日間に対応する。すなわち，$4e/\pi = 7/365$ となる。これより，$e = 0.015$ が得られる。これは測定値 0.0167 におよそ一致している（面積で計算したことは，ケプラーの第 2 法則（面積速度の一定）による）。■

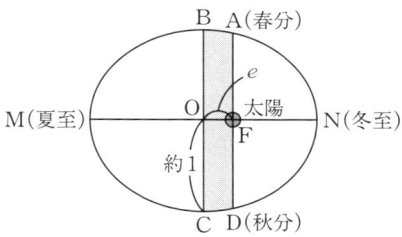

図7.1 地球は太陽を1焦点とする楕円軌道を運行する。この楕円の面積を365日とすると，春分から秋分までの日数と，秋分から春分までの日数の差（7日〜9日）は斜線部分の面積の2倍に対応する。ここで，$\overline{\text{OC}} = \sqrt{1-e^2} \fallingdotseq (1-e^2/2) \fallingdotseq 1$ と近似した。

7.2　太陽が放射している全エネルギー量

太陽定数（1.37 kW/m^2）を用いて，太陽が宇宙空間に放出している総エネルギー量を導こう。太陽は，エネルギーを地球にだけ放出しているのではなく，四方八方上下区別なく（等方的に）全空間に放出している。この仮定が正しいのなら，太陽から 1 AU 離れた地点ならどこでも，すなわち，太陽を中心とした半径 1 AU の球面上のいずれの点にも，太陽定数と同じ量のエネルギーが届いていることになる。1.496 億 km ＝ 1.496×10^8 km ＝ $1.496 \times 10^8 \times 10^3$ m ＝ 1.496×10^{11} m，球の表面積（S）の計算（半径 r をとすれば $4\pi r^2$）から，

$$S = 4\pi \times (1.496 \times 10^{11})^2$$

---

6) 電力などで日常用いられるキロワット時（kWh）は，1 kW の効率で 1 時間にする仕事の量，あるいはそれに相当する熱量である。1 kWh＝3.6×10^6 J である。
7) ダイソン（Freeman Dyson, 1923〜）は，太陽をすっぽりと覆う巨大な球面状構造物を建築して太陽エネルギーをすべて利用することを考えた。これをダイソン球という。

$$= 2.81 \times 10^{23} \, \text{m}^2 \tag{7.2}$$

となる。これに太陽定数を掛けると1秒あたりに太陽が放出しているエネルギー ε は,

$$\varepsilon = 1.37 \, \text{kW/m}^2 \times 2.81 \times 10^{23} \, \text{m}^2$$
$$= 3.85 \times 10^{23} \, \text{kW} \tag{7.3}$$

となる。Jを用いた表示なら, $\varepsilon = 3.85 \times 10^{26}$ J/s となる。

これはどのくらいの量なのだろうか。現在, 世界中の人が1年間に使用している総エネルギー量は約 1.6×10^{19} J である[6]。これを1秒間あたりにすると 5.1×10^{11} J/s となる。これは莫大なエネルギー消費量であるが, 太陽が放出している全エネルギー量の 7.5×10^{14} 分の1に過ぎない[7]。

例題7.2 火星の軌道長半径は 1.5 AU, 金星は 0.72 AU である。火星および金星の大気に届く太陽エネルギーは, それぞれ太陽定数の何倍か。ただし, 放射強度は太陽までの距離の2乗に反比例する。

解 題意より, 火星は太陽定数の 0.44 倍 ($1/1.5^2$), 金星は太陽定数の 1.9 倍 ($1/0.72^2$) となる[8]。 ■

10分補講

太陽をつくっている物質 1 kg あたりの放出エネルギー量はいくらであろうか。太陽質量は, $M_\odot = 1.989 \times 10^{30}$ kg である(後述)ので,

$$\frac{\varepsilon}{M_\odot} = 1.94 \times 10^{-7} \, \text{kW/kg}$$
$$= 1.94 \times 10^{-4} \, \text{J/kg·s}$$

となる。体重 60 kg の人は, 平均1日あたりおよそ 2500 kcal を摂取している。これを SI 単位に換えると 2.0 J/kg·s となる。放出するエネルギーもこの値とほぼ等しいので, 人の 1 kg あたりの放出エネルギーは, 太陽物質 1 kg あたりと比べ約1万倍大きいことになる。

太陽はおよそ46億年間輝き続けているので, 太陽物質 1 kg あたりの放出エネルギーは,

---

[8] 他の惑星の放射強度は, 地球と比べて, 水星 6.67 倍, 木星 0.037 倍, 土星 0.011 倍, 天王星 0.0027 倍, 海王星 0.0011 倍である。

$$1.94 \times 10^{-7} \text{ kW/kg} \times 4.6 \times 10^9 \times 3.16 \times 10^7 \text{ s}$$
$$= 2.8 \times 10^{10} \text{ kW·s/kg}$$

となる。ここで，1年 $= 365.24219 \times 24 \times 60 \times 60 = 3.1556925 \times 10^7$ s を用いた[9]。1年間は約 3.16×10^7 s（約3200万秒）である。覚えておこう。

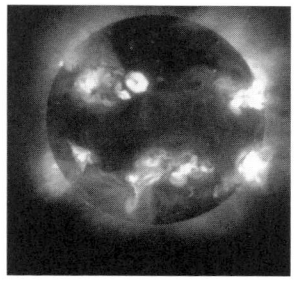

図7.2 太陽
面積比で，地球の12000倍の大きさをもつ太陽は，
1秒間あたり3.85×10^{26} Jものエネルギーを放出している。

ガソリンの発熱量は 3.46×10^7 J/L である。太陽がすべてガソリンでできているとし，どこからか燃焼に十分なだけの酸素を取り入れることが可能で，かつ効率よく燃焼できるという無理な仮定をして，燃焼にかかる時間を計算してみよう。ガソリンの密度 0.7 g/cm$^3 = 0.7 \times 10^3$ kg/m^3 なので，ガソリン1Lの質量は 0.7 kg である。これより，1kgあたりのガソリンの発熱量は 4.94×10^7 J/kg となる。これに太陽質量 2×10^{30} kg を掛けると，太陽質量分のガソリンの発熱量 9.88×10^{37} J が計算できる。この値を太陽エネルギー $\varepsilon = 3.85 \times 10^{26}$ J/s で割ると 2.57×10^{11} s $= 8.13 \times 10^3$ 年が得られる。太陽がすべてガソリンでできていたとしたら，およそ8100年で寿命が尽きてしまうことになる。

例題7.3 プロパンガスの発熱量は，5.1×10^7 J/kg である。プロパンガス 2×10^{30} kg を燃焼させ，太陽と同じだけのエネルギーを放出させると

---

[9] 閏年の規則により1年の日数も決めていることや閏秒の存在もあって，年は時間の単位としては不適である。このため，平均太陽年 365.24219 日が使われている。閏年の規則は，「西暦が，①4で割りきれる年は閏年，②100で割りきれる年は平年，③400で割りきれる年は閏年」である。

何年で燃え尽きるか。

解 太陽質量と同じだけのプロパンガスを燃焼させると，5.1×10^7 J/kg $\times\ 2 \times 10^{30}$ kg $= 1.02 \times 10^{38}$ J のエネルギーが出る。これを太陽エネルギー $\varepsilon = 3.85 \times 10^{26}$ J/s で割ると，2.65×10^{11} s $= 8.39 \times 10^3$ 年となる。およそ 8400 年で燃焼が終わる。∎

7.3　太陽の表面温度

太陽の視直径は 31 分 59.28 秒，およそ 0.5 度である[10]。黄道に太陽を並べるとしたら，およそ 720 個並ぶ (360/0.5)。黄道は，天球上における太陽の見かけの通り道である。太陽は，黄道を 24 時間かけて 1 周するので，太陽直径分を移動するのに 2 分かかる ($24 \times 60/720$)。例えば，朝日では，太陽の上の端が見え始めた瞬間 (日の出) から出終わるまで (夕日では，沈み始めてから沈み終わる瞬間 (日の入り) まで) は，2 分間である。

太陽半径 R は，太陽の視半径 0.2666 度と太陽までの距離から，
$$\begin{aligned} R &= 1.496 \times 10^8 \text{ km} \times \tan 0.267° \\ &= 6.960 \times 10^5 \text{ km} \end{aligned} \quad (7.4)$$
となり，約 70 万 km である (図 7.3 参照)。太陽半径を $R_\odot$ ($= 6.96 \times 10^5$ km) と記す。太陽はすべての恒星を考察する上で基準となるため，このように単位化されている。

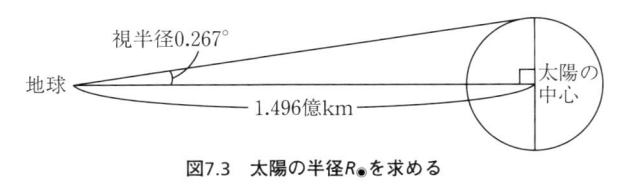

図7.3　太陽の半径 $R_\odot$ を求める

これらから，太陽の表面温度を導く。これには，シュテファン - ボルツマンの法則を用いる。入射するすべての放射を吸収する物体を黒体という。

---

[10] 月の視直径は 31 分 5.16 秒である。月の公転軌道の離心率は 0.0548799 と大きいため，視直径は変化する。これは平均である。1 度は 60 分，1 分は 60 秒である。

熱平衡状態にある黒体からは，その黒体の温度だけで定まるスペクトルをもった電磁放射が起こる。この放射強度と温度との関係を示しているのが，シュテファン - ボルツマンの法則である。この法則により，全放射エネルギー ε は，物体の有効温度 T と次のような関係がある。

$$\varepsilon = 4\pi\sigma R^2 T^4$$

ここで，R は物体の半径，σ はシュテファン - ボルツマン定数 ($\sigma = 5.670 \times 10^{-8}$ W/m^2 K^4) である。R に太陽半径 $R_\odot$ を代入すると，

$$\begin{aligned}
T &= \left(\frac{\varepsilon}{4\pi R^2 \sigma}\right)^{\frac{1}{4}} \\
&= \left(\frac{3.85 \times 10^{26}}{4 \times 3.14 \times 6.96^2 \times 10^{16} \times 5.67 \times 10^{-8}}\right)^{\frac{1}{4}} \\
&= 5780 \text{ K}
\end{aligned} \tag{7.5}$$

となる。これは観測された太陽の光球[11] の温度に等しい。

例題7.4 太陽が，もし，現在の大きさの 100 倍 (6.96×10^7 km) であったとしたら，有効温度はいくらになるか。

解 $T = 5780/(100^2)^{1/4} = 578$ K となる。また，1/100 であったとしたら，57800 K となる。■

10分補講

シュテファン (Josef Stefan, 1835 〜 1893) は，科学哲学者としても著名なマッハ (Ernst Mach, 1838 〜 1916) と，ウィーン大学物理学主任教授の椅子を争ったことがある。彼は，その椅子を勝ち取り，生涯その地位に留まり，ウィーン大学物理学教室に貢献した。1365 年に創立されたウィーン大学は，ドイツ語圏では最も歴史がある大学である。物理学教室は 1850 年に創られ，初代教室主任は，波源や観測者の運動による振動数の変化する現象を説明したドップラー (Johann Christian Doppler, 1803 〜 1853) で，シュテファンは 3 代目である。ボルツマンは，1866 年にウィーン大学を

---

[11] 太陽はガス球なので，地球のようにはっきりとした境界はない。しかし，太陽半径 $R_\odot$ より外部では，可視光に対して透明であるため，この面を光球という。太陽の構造は，中心から核反応層，放射層，対流層，光球である。

卒業後，すぐに学位を取得してシュテファンの助手となった。

シュテファンの研究として代表的なものが，熱放射の全波長にわたる放射は温度の4乗に比例することを実験的に検証した論文 (1879年) である。ボルツマンは，この実験事実をマクスウェルの電磁理論を基に導いた (1884年)。シュテファン - ボルツマンの法則は，実験家の師により発見され，弟子である理論家が証明した法則である。

7.4　太陽の密度

まず，太陽の質量 M を求める (太陽質量は $M_\odot$ と記す)。地球の平均軌道長半径を r，地球の質量を m，地球の軌道速度を v とすれば，地球の公転運動では，万有引力が向心力になるので，

$$\frac{GMm}{r^2} = \frac{mv^2}{r} \tag{7.6}$$

が成り立つ。ここで G は万有引力定数である。また，地球の公転周期を τ とすれば軌道速度 v は，

$$v = \frac{2\pi r}{\tau} \tag{7.7}$$

と書ける。これより，

$$M = \frac{r}{G}v^2 = \frac{r}{G}\left(\frac{2\pi r}{\tau}\right)^2 = \frac{4\pi^2}{G} \times \frac{r^3}{\tau^2} \tag{7.8}$$

となる。これに，$r = 1.496 \times 10^{11}$ m，$\tau = 365.242 \times 24 \times 60 \times 60 = 3.156 \times 10^7$ s，それに $G = 6.673 \times 10^{-11}$ m^3/kg・s^2 を代入すると，

$$M = 1.989 \times 10^{30} \text{kg} = 1\,M_\odot$$

となる[12]。

例題7.5　地球の軌道速度はいくらか。

---

[12] 正確には，地球の軌道は楕円であるので，

$$\frac{r^3}{T^2} = \frac{GM}{4\pi^2}\left(1 + \frac{m}{M}\right)$$

を用いて計算しなくてはならない。しかし，これで太陽質量 M を求めると 1.9891×10^{30} kg となる。軌道を円で近似しても，$m/M \sim 10^{-6}$ であるため有効数字4桁の範囲では同じである。

解

$$v = \frac{2\pi r}{T} = \frac{2 \times 3.141 \times 1.496 \times 10^{11}}{3.156 \times 10^7}$$
$$= 2.978 \times 10^4 \, \text{m/s} \fallingdotseq 30 \, \text{km/s} \quad \blacksquare$$

太陽の半径 $R_\odot$ と質量 $M_\odot$ を知り得たので，太陽の平均物質密度を計算する。太陽を球体とすれば，その体積 V は，

$$V = \frac{4}{3}\pi R_\odot^3 = \frac{4}{3}\pi (6.96 \times 10^8)^3 = 1.41 \times 10^{27} \, \text{m}^3 \quad (7.9)$$

となるので，平均密度 ρ は，

$$\rho = \frac{1.99 \times 10^{30}}{1.41 \times 10^{27}} = 1.41 \times 10^3 \, \text{kg/m}^3 = 1.41 \, \text{g/cm}^3 \quad (7.10)$$

である。これは，地球の密度 $5.52 \, \text{g/cm}^3$ に比べると小さく，木星の密度 $1.33 \, \text{g/cm}^3$ より少し大きい[13]。$1.41 \, \text{g/cm}^3$ は，地球大気の密度 $1.3 \times 10^{-3} \, \text{g/cm}^3$ より1000倍以上も大きく，水の密度 $1.0 \, \text{g/cm}^3$ に近い。この密度とおよそ同じ密度をもつ物質を探すと，砂の密度 $1.4 \sim 1.7 \, \text{g/cm}^3$，石炭の密度 $1.2 \sim 1.7 \, \text{g/cm}^3$，アスファルトの密度 $1.0 \sim 1.4 \, \text{g/cm}^3$ がある。太陽がこれらでできているとは考えにくいし，$1.41 \, \text{g/cm}^3$ は平均であるので，地球と同じように中心部の密度が大きく，表面付近では小さいことが予想される。

7.5 太陽大気の元素組成

太陽の表面温度は 5780 K である。この高温のため，物質は固体や液体の状態では存在できず，気体となっている。そればかりか，気体のほぼすべては原子のかたちになっており，分子は温度が比較的低いところのみに存在している。では，どのような原子から構成されているのか。これは，太陽スペクトルに見られる暗線を観測することによって知り得た。

太陽光のスペクトルに暗線があることを発見した (1802 年) のはウォラストン (W.H. Wollaston, 1766 ～ 1828) であるが，追究は浅かった。暗

---

[13] 他の惑星の密度は，水星 $5.43 \, \text{g/cm}^3$，金星 $5.25 \, \text{g/cm}^3$，火星 $3.93 \, \text{g/cm}^3$，土星 $0.69 \, \text{g/cm}^3$，天王星 $1.27 \, \text{g/cm}^3$，海王星 $1.64 \, \text{g/cm}^3$ である。また，月の密度は $3.34 \, \text{g/cm}^3$ である。

線の本格的な研究をしたのは光学機器製作者フラウンホーファー（J. Fraunhofer, 1787～1826）であった。彼は，主な色に対応する8本の線を選び，それらをA線，B線，…，H線と呼び，B線とH線の間に574本の暗線の位置を測定し，これらの暗線が太陽光そのもの，太陽光の月や惑星による反射，それに地上の物体からの反射によるものであることから，暗線の起源が太陽にあることを突き止めた。また，恒星のスペクトルにも暗線があること，D線はロウソクの炎のスペクトル線（輝線）と同じ位置にあることを示した。

フラウンホーファーが発見した「暗線と輝線の一致（スペクトルの反転現象）の問題」は，キルヒホッフ（G.R. Kirchhoff, 1824～1887）によって解かれた。太陽スペクトルの暗線であるD線は，ナトリウム原子のスペクトルの輝線と一致している。キルヒホッフは，この一致は偶然ではなく，輝線が暗線に変わるのは，比較的低温の気体中の元素による吸収，すなわち，太陽光は，地球に届くまでに，その間に存在しているナトリウム原子が吸収しているためであると考えた（図7.4）。キルヒホッフは，この仮説を検証すべく，ハイデルベルク大学での同僚である化学者ブンゼン（R.W. Bunsen, 1811～1899）と共同研究を行った。輝線のパターンが個々の元素に固有のものであることなど，2人の20年に及ぶ共同研究（1854～1874）は実りが多かった[14]。彼らは，スペクトル測定による元素同定の手法を確立し，分光学の基礎をつくった。スペクトルは元素の指紋（今ではDNAという表現の方がよいかもしれない）であるという常識がつくられたのは，キルヒホッフとブンゼンの共同研究による。しかし，仮説の実証はできなかった。

キルヒホッフの仮説を立証したのは，オングストロームであった。彼は，気体が放出する光の波長と同じ波長の光を，気体が吸収することを示し，暗線と輝線の一致の問題は解かれた。これで，太陽大気[15]がどんな元素からなるのかを知ることのできる手法（分光測光）を手に入れた。

---

14) 鉱泉の中からのセシウム（Cs）の発見（1860年），紅雲母という鉱物からのルビジウム（Rb）の発見（1861年）も，彼らの成果の1つである。
15) 光球より2000kmほど外側の領域には，密度の低い外層大気がある。これを彩層という。彩層は，月が光球をすべて隠した日食時，月の縁を薔薇色に彩るため，こう名付けられた。

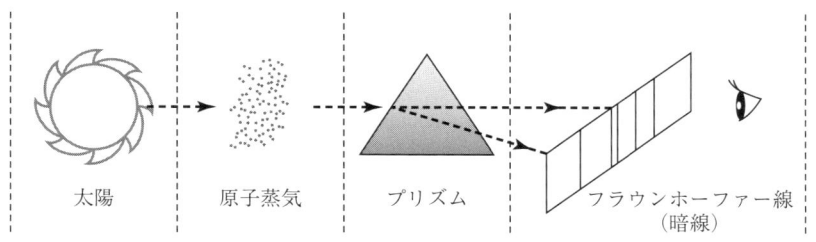

図7.4 太陽大気中の元素が，その固有の波長を吸収する

　太陽スペクトルに現れる吸収線の波長を調べ，すでに実験室で調べられているさまざまな原子や原子イオンによる吸収線の波長と比較することにより，地球に存在している元素のうち60種類以上の元素が，太陽にも存在していることがわかった。これらの元素の存在比率を知ることもできた。それにより，太陽大気を構成する元素の92%が水素原子で，約8%がヘリウム原子，他の元素は合わせても0.12%ほどであることがわかった。表7.1は，水素原子100万個に対する各原子の個数である[16]。

表7.1　太陽大気中の元素の存在比（水素原子の個数を100万とした）

元素	個数	元素	個数	元素	個数
水素 H	1,000,000	ネオン Ne	83	アルゴン Ar	6.3
ヘリウム He	85,000	鉄 Fe	40	アルミニウム Al	2.5
酸素 O	660	ケイ素 Si	33	カルシウム Ca	2.0
炭素 C	330	マグネシウム Mg	26	ニッケル Ni	2.0
窒素 N	91	硫黄 S	16	ナトリウム Na	1.8

7.6　太陽の諸定数

　これまでのことから，太陽のおおよその姿がわかった。質量 2.0×10^{30} kg，密度 1.4 g/cm³，半径70万 km の球体で，その表面温度 6000 K，エネルギー放出量 3.9×10^{26} J/s である。また，質量と半径から，光球面

---

[16]　ヘリウムは，1868年，太陽コロナのスペクトル観測のときに発見された。ギリシア語の太陽 (helios) からヘリウムと命名された。

での重力加速度 g は，

$$g = G\frac{M_\odot}{R_\odot^2} = 6.67 \times 10^{-11} \times \frac{1.99 \times 10^{30}}{(6.96 \times 10^8)^2} = 274 \text{ m/s}^2 \quad (7.11)$$

となる。これは，地球上での重力加速度（標準）の値 9.81 m/s^2 に比べて 27.9 倍の大きさである。

これらと光度など，太陽に関する数値を表 7.2 に記した。

表 7.2 太陽に関する数値

半径	6.96×10^8 m	表面の重力加速度	274 m/s^2
質量	1.989×10^{30} kg	脱出速度	618 km/s
平均密度	1.41 g/cm^3	実視等級	-26.75 等星
総放射量	3.85×10^{23} kW	絶対等級	4.82 等星
有効温度	5780 K	スペクトルの型	G2 V

例題7.6 光球からの脱出速度はいくらか。

解 太陽の脱出速度は，光球近くに近地点をもつ放物線軌道に乗せるための接線方向の速さである。これより，光球面での運動エネルギーが位置エネルギー（重力ポテンシャル）より大きくなる最低の値，

$$\frac{1}{2}mv^2 = G\frac{mM_\odot}{R_\odot}$$

より，

$$v = \sqrt{2GM/R} = \sqrt{2 \times 6.67 \times 10^{-11} \times 1.99 \times 10^{30} \div (6.96 \times 10^8)}$$
$$= 6.18 \times 10^5 \text{ m/s}$$

となる。

例題7.7 6 等星の差が 100 倍の明るさの比となるように等級は定義されている。すなわち，1 つ等星が減ると 2.51 倍明るくなる[17]。満月の実視等級は -12.6 等星である。太陽と満月の明るさの比はいくらか。

解 太陽との等級の差は 14.15 である。等級の定義から，これより，$2.51^{14.15} = 4.52 \times 10^5$ 倍となる。

---

[17] $x^{6-1} = 100$ を解くと，$x = 10^{2/5} = 2.512$ となる。星の明るさを数で表現した昔，最も明るい星を 1 等星，最も暗い星を 6 等星と定めた文化を継承してのことである。比を差で表現しているのは，人の眼には，明るさの比が一定のとき，その明るさを差が等間隔であると感じることによる。

星の表面温度の違いはスペクトルの吸収線に現れる。天文学では，表面温度の高い方から O − B − A − F − G − K − M とスペクトルの型として名付けている[18]。観測された星の割合を分類別にすると，B 型 3%，A 型 27%，F 型 10%，G 型 16%，K 型 37%，M 型 7% で，O 型の星は稀である。さらに細かく分類され，1 つのスペクトルの型は表面温度の高い順に 0 から 9 に分けられている。またスペクトルの型の次に，絶対光度[19] の分類が記されている。Ⅰは超巨星，Ⅱは輝巨星，Ⅲは巨星，Ⅳは準巨星，Ⅴは主系列星，Ⅵは準矮星を意味している。太陽は，スペクトルが G 型の 3 番目に分類され，主系列星であるので V，G2V と記されている。

7.7　太陽はなぜ輝いているか

太陽は，巨大な質量球体である。このため中心部に向かって，強い重力が作用している。それは中心を 2.4×10^{16} Pa もの超高圧にするほどである[20]。ガスの球体である太陽の形状が安定となっているためには，中心に向かっている重力と均衡を保つ外側に向かう力が必要である。これを内部圧という。このため，中心部は重力によりギュッと固められているので高圧で高密度であり，強い重力と均衡する内部圧からすると中心部は高温でなくてはならない。このことからも，太陽の中心部は 156 g/cm^3 と高密度[21]であり，1580 万 K と高温となっている。

この高温・高密度状態で，物質はどのようになっているであろうか。物質は，ほとんど水素からなり，それに電子と原子核の結合は解かれ，バラバラになって，これらが高速で飛び回るプラズマ状態となっている。水素原子の原子核は陽子 (p) である。電子は，質量が小さいため大変高速で運動している[22]。

---

18)　「叔母河豚噛む (OBAFGKM)」と覚えるのだそうだ。
19)　絶対等級で示された光度。絶対等級は，天体の光度を距離に関係なく表すため，10 pc (約 32.6 光年) 離れた位置で観測したとしたときの見かけの等級である。
20)　地球の中心は 3.6×10^{11} Pa，木星の中心部は 10^{12} Pa ほどである。
21)　156 g/cm^3 = 156×10^3 kg/m^3。この物質 1 L あたりの質量は 156 kg となる。
22)　電子と陽子は，結合が解かれたとき，エネルギーは等分配される。電子の質量は，陽子の質量の 1836 分の 1 なので，電子の速度は陽子より $\sqrt{1836}$ 倍だけ大きい。

第7章 太陽のエネルギー

このため，太陽中心部では陽子の運動を主に考えればよい。高温状態にある陽子は高速で運動し，高密度状態にあるため，すぐに他の陽子と衝突する。高速での衝突であるため陽子どうしの融合反応，

$$p + p \rightarrow D + e^+ + \nu_e \tag{7.12}$$

を起こす確率が高くなる。Dは陽子と中性子からなる重水素原子核，e^+は陽電子[23]，ν_eは電子ニュートリノである[24]。この反応で生成された重水素原子核Dは，他の陽子と衝突して，

$$D + p \rightarrow {}^3He + \gamma \tag{7.13}$$

という融合反応を起こし，^3Heがつくられる。^3Heはヘリウム3というヘリウム原子核の同位体である。この^3Heは，他のところで同じような過程で生成された^3Heと衝突して，

$$^3He + {}^3He \rightarrow {}^4He + 2p \tag{7.14}$$

という融合反応をする場合がある。^4Heは安定なヘリウム原子核である。この連鎖反応を陽子‐陽子連鎖反応，あるいはp‐pチェーンという（図7.5）。

結果として，これらの反応は，

$$4p \rightarrow {}^4He + 2e^+ + 2\nu_e + 2\gamma \tag{7.15}$$

と（形式的に）表すことができる。

陽子の質量m_pは1.67262×10^{-27} kgなので，4倍すると6.69048×10^{-27} kgとなる。一方，ヘリウムの質量m_{He}は6.64283×10^{-27} kgである。これより，この反応において質量

$$4.77 \times 10^{-29} \text{ kg}$$

が失われたことになる。この失われた質量を質量欠損という。この質量欠損は，アインシュタインが奇跡の年[25]に導出した方程式$E_0 = mc^2$からエネルギーとなることがわかる（cは真空中の光速度3.00×10^8 m/sである）。

---

[23] 電子の反粒子である。電子と質量は同じだが正電荷である。ディラック（P.A.M. Dirac, 1902～1984）が理論的に予言（1929年）し，アンダーソン（C.D. Anderson, 1905～1988）が宇宙線の中から発見（1932年）した。

[24] ニュートリノは電荷0で弱い相互作用しかしない素粒子。1930年にパウリが存在を仮定し，1933年にフェルミが理論的に説明づけた。1956年，ライネスとコーワンにより実験的に確認された。

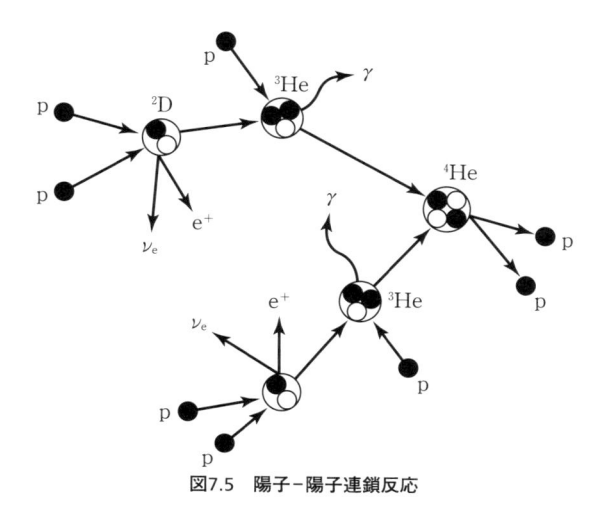

図7.5 陽子−陽子連鎖反応

その量は
$$E_0 = 4.77 \times 10^{-29} \text{ kg} \times (3.00 \times 10^8)^2 = 4.29 \times 10^{-12} \text{ J}$$
となる。これは，4つの陽子が融合反応によりヘリウム原子核になったときの発熱エネルギーである[26]。すなわち，陽子1 kgあたりの発熱エネルギーの量 Q_p は，
$$Q_p = \frac{4.29 \times 10^{-12}}{4 \times 1.67 \times 10^{-27}} = 6.42 \times 10^{14} \text{ J/kg} \quad (7.16)$$
となる。4で割っているのは，4つの陽子がこの反応に関わっていることによる。このエネルギーの発生メカニズムで太陽がエネルギーを放出しているとして，どのくらいもつのかを考えてみる（ガソリンでは8100年であった）。
$$\frac{\varepsilon}{Q_p} = \frac{3.85 \times 10^{26} \text{ J/s}}{6.42 \times 10^{14} \text{ J/kg}} = 6.00 \times 10^{11} \text{ kg/s} \quad (7.17)$$

これによると，太陽はおよそ毎秒6億トンの陽子を消費していることになる。太陽質量をこの量で割ると，

---

25) アインシュタインは，1905年に5つの論文を発表した。$E_0 = mc^2$ は，9月に受理された論文「物体の慣性はその物体を含むエネルギーに依存するか」において導出された。
26) $1 \text{ J} = 6.242 \times 10^{18}$ eV なので，4.29×10^{-12} J $= 26.8$ MeV である。

$$\frac{1.99 \times 10^{30}\,\text{kg}}{6.00 \times 10^{11}\,\text{kg/s}} = 3.32 \times 10^{18}\,\text{s} = 1.05 \times 10^{11}\,\text{年}$$

となる。太陽がすべて陽子からなり，すべてが核融合反応してヘリウム原子核になるとしたら，約1000億年間反応を続けることができる。これはガソリンの場合の1300万倍の時間である。それに加え，現在の太陽の年齢とされている46億年よりはるかに長いため，太陽は陽子‐陽子連鎖反応で輝いているとしても矛盾はない。

例題7.8 ヘリウムが毎秒6.0億トン生成され，それが平均密度150 g/cm³の球状のコアをつくるとする。このコアが半径6400 kmの大きさにまで成長するには何年かかるか。

解 半径6400 kmのコアの体積は，$\frac{4}{3} \times 3.14 \times (6.4 \times 10^6)^3 = 1.1 \times 10^{21}\,\text{m}^3$である。

このコアの体積×密度150 g/cm³（$= 1.50 \times 10^5\,\text{kg/m}^3$）は，

$$1.5 \times 10^5\,\text{kg/m}^3 \times 1.1 \times 10^{21}\,\text{m}^3 = 1.7 \times 10^{26}\,\text{m}^3$$

となる。6億トン/s $= 6.0 \times 10^{11}\,\text{kg/s}$であるから，

$$\frac{1.70 \times 10^{26}}{6.00 \times 10^{11}} = 2.8 \times 10^{14}\,\text{s} = 8.9 \times 10^6\,\text{年}$$

およそ890万年となる。■

7.8 太陽の寿命

前節の結論である1000億年は，①太陽がすべて陽子からできている，②これらすべてが核融合反応を起こしてヘリウム原子核となる，③ヘリウムが太陽の中心部にたまっても力の均衡に影響はない[27]，という無理な仮定から導かれている。

太陽大気はおよそ，水素92%，ヘリウム8%である（表7.1）。水素とヘリウムの質量の比は1：4なので，これらの存在の質量比は約3：1である。ヘリウムは，質量としては全体の約$\frac{1}{4}$を占めるため，仮定①は過大である。また，陽子‐陽子連鎖反応が起こるには，陽子の密度が高いこと，温度が高いこと，エネルギーがある一定時間散逸しないことなどの条件を満

たさなければならない[28]）．この条件を満たす領域は中心部のみで，太陽に存在する陽子をすべて反応させることはできない．このため仮定②も過大である．また，この反応で生成したヘリウム原子核は中心部にたまるが，これはエネルギーを放出せずに内部圧には寄与しないため，重力との平衡を崩すことになる．このため仮定③も適切な仮定ではない．このため定量的に調べることは簡単にはできず，コンピュータ・シミュレーションにより計算された．この結果，太陽質量の 10 分の 1 ほどの陽子が反応し終えたら，陽子－陽子連鎖反応が終わるとされた．

　すなわち，太陽の寿命は約 100 億年である．現在，太陽は主系列星[29]になって 46 億年ほど経っているとされている．このため，あと 54 億年ほどで太陽は主系列星ではなくなることになる．

　太陽の中心部には，陽子－陽子連鎖反応によりヘリウム原子核がたまっていく．徐々に，太陽中心部にヘリウムのコアが形成され，このコアの表面でのみ陽子－陽子連鎖反応が起こることになる．コア内部では反応が起こらず，コアはエネルギー源とはなっていない．コアの表面での陽子－陽子連鎖反応が進むにつれ，コアは大きくなってくる．このコアの成長がある程度進むと，コアは自体を支えられなくなって収縮を始める．この収縮が始まると，太陽は大きな構造変化を起こす．中心部と外層部との分離である．コアの収縮と同時に，外層部が膨張を始め，太陽は巨大化していく．太陽は，主系列星から赤色巨星へと移っていく．太陽が 100 倍ほど膨張すると半径 7000 万 km となるので，水星の軌道半径約 5800 万 km を超える大きさとなる．また，表面温度も下がり，現在の黄白色から赤色となる．このとき地球から眺めた太陽は，日の出から出終わるまで 3 時間以上もかかる巨大で真っ赤な天体となる．

---

[27] ヘリウムの質量は陽子の質量より 4 倍大きく，その分，重力も強いため太陽の中心部にたまる傾向にある．
[28] 実験炉において，核融合を起こさせる条件をローソン（Lawson）条件という．
[29] 陽子をヘリウム原子核に核融合反応させることにより輝いている恒星．

章末問題

7.1 太陽の質量が既知であるとして,地球から太陽までの距離を求めよ。ただし,太陽質量を 2.0×10^{30} kg として計算せよ。

7.2 太陽の放射について述べた文として最も適当なものを,次の①〜④の中から1つ選べ。

① 太陽コロナは1万〜2万Kもの高温で,X線などを放射している。

② 日食で月が光球を隠すと,光球の数倍まで広がった彩層が現れる。

③ 黒点極大期にはフレアが多数発生し,X線の放射や太陽風が強まる。

④ 太陽からの赤外線放射は,地球大気中の窒素により吸収される。

7.3 ヘリウムが毎秒6.0億トン生成され,それが46億年間,平均密度 150 g/cm^3 の球状のコアをつくるとする。このコアの半径はいくらになるか。

| 第 8 章 | 銀河系には 2000 億もの星がある。大きな星，小さな星，重い星，軽い星，…，多くの種類があるが，太陽以外の恒星をどのように測定しても点源にしか見えない。ここでは，この光度と色しか情報のない星の性質を，物理で知る。|

星の物理 I

8.1 　　星までの距離を知る

地球から太陽までの距離[1]を既知として，前章では，太陽に関するいくつかの物理量を求めた。星（恒星）のことを知るにも，同様に，その星までの距離を知らなくてはならない。このため，対象とする天体までの距離を求めることは，天文学において最も重要な課題である。

太陽以外の星までの距離を最初に測ったのは，ドイツのベッセル (F.W. Bessel, 1784～1846)[2]で，1838 年のことであった。ガリレオが望遠鏡で天体観測を始めた 1609 年から 229 年もかかっている。ベッセルは，はくちょう座 61 番星までの距離を測定した。これは星の視差の発見でもあった。

---

1) 太陽までの距離をプトレマイオスは 800 万 km（150 年頃），ケプラーは 2300 万 km（1618 年），そしてカッシーニが 1.4 億 km（1672 年）と現在の値に近い値を出した。
2) ベッセルは，ハレー彗星の軌道計算の業績などで，ケーニヒスベルク王立天文台長となり，終生その地に留まった（ケーニヒスベルクは，現在のカリーニングラードである）。ベッセルは，天王星の外側に惑星（海王星）が存在していることやシリウスの伴星の存在予言をした天文学者であるが，現在では，ベッセルの微分方程式やベッセル関数の名で知られている。

視差とは，2点から見た対象物の方向の差である。眼の前に指を立て，それを，右目（左目）を閉じて左目（右目）で見た後，左目（右目）を閉じて右目（左目）で見てみる。すると，指が左（右）に移動したように見える。これは視差のためである。右目と指を結んだ線と左目と指を結んだ線との角が視差の角度である。またこの場合，2つの目の間隔を基線の長さという。

地球は太陽の周りを公転運動しているため，星を見る方向が1年を通じて変化する。歴史的観点からすると，地動説を立証するためには視差の測定は必須であった。星の視差の発見により，地球は公転していることが示され，地動説の正しさが証明された。

遠い天体までの距離を測るには，基線の長さは長いほどよい。これには，ベッセルが用いた基線が都合がよい。地球は公転運動により半年で約3億km離れた地点に移動する。これを基線として利用する。半年ずれて同じ天体を見たときの視差を年周視差という（図8.1）。現在では，1天文単位（AU）は有効数字9桁の精度，1年（太陽年）も8桁の精度をもっている。

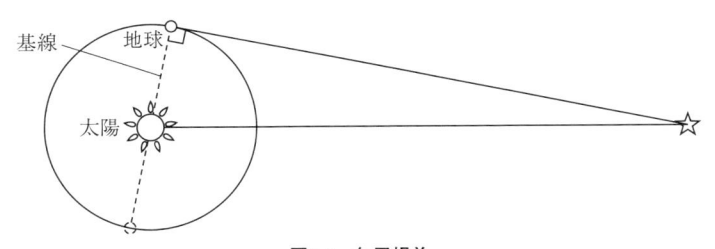

図8.1　年周視差

視差は，方向の差であるため角度で表す。より具体的には，年周視差は1天文単位を見込む最大の角である。この角度が1秒となる距離を1 pcという。pcは，パーセク（parsec）と読む。角度1度は60分，1分は60秒なので，1秒は $(1/3600)$ 度である。また，1度はSI単位で表すと $\frac{\pi}{180}$ rad（ラジアン）である。これらより，1 pcは，

$$1\,\mathrm{pc} = \frac{1\mathrm{AU}}{(1/3600) \times (\pi/180)} = 206265\,\mathrm{AU} = 3.0857 \times 10^{16}\,\mathrm{m}$$

(8.1)

となる。1 pc は，太陽までの距離の約 20 万倍もある[3]。また，1 光年は，光が真空中を 1 年間で達することのできる最大距離なので，

$$1 \text{ 光年} = 2.99792458 \times 10^8 \text{ m/s} \times 3.1556925 \times 10^7 \text{ s}$$
$$= 9.4605 \times 10^{15} \text{ m} \qquad (8.2)$$

となる[4]。これより，1 pc は，約 3.26 光年となる。

角度 p を秒の単位とし，r をその星までの距離(単位は pc)とすると，

$$r = \frac{1}{p} \qquad (8.3)$$

という関係がある。少し計算してみる。はくちょう座 61 番星の年周視差は 0.286 秒であるので，それまでの距離は 3.50 pc = 11.4 光年となる。また，太陽に最も近い星であるケンタウルス座 α 星の年周視差は 0.742 秒なので，1.35 pc = 4.40 光年である。

例題8.1 地球 – 太陽間を 10 cm で表現すると，ケンタウルス座 α 星までは何 km となるか。

解 1 pc は地球 – 太陽間の 20.6 万倍なので，$2.06 \times 10^5 \times 0.1$ m = 20.6 km となる。黒板に半径 10 cm の円を書いて，それを地球軌道に見立てると，1 pc は大きすぎて書き記すことはできない。ケンタウルス座 α 星は 1.35 pc なので，27.8 km も先にあることになる。星までの距離測定に多くの年月を使ったことも納得できる。 ■

例題8.2 シリウスの年周視差は 0.379 秒，バーナード星の年周視差は 0.549 秒である。これらまでの距離を求めよ。また，ベガまでの距離は 25 光年，アルタイルまでの距離は 17 光年，デネブまでの距離は 1800 光年である。これらの年周視差はいくらか。

解 シリウスまでの距離は 2.64 pc = 8.60 光年，バーナード星は 1.82 pc = 5.94 光年。また，ベガの年周視差は 0.13 秒，アルタイルは 0.19 秒，デネブは 0.0018 秒となる。夏の大三角形といっても，デネブはベガ，アルタイルからとても離れていることがわかる。 ■

太陽に最も近い星でも 4.4 光年もの距離がある。星は，非常に遠方にあ

---

[3] 別の表現をすると，見込み角 1 秒の三角形の高さは底辺の約 20 万倍ある。
[4] 光が真空中を 1 日に進む距離を 1 光日 ($= 2.59 \times 10^{10}$ km) という。

るため視差は非常に小さく測定が難しい。これが星までの距離測定がなかなかできなかった理由である。地上での観測では，視差 0.01 秒程度が限界であるが，高精度視差観測衛星ヒッパルコス[5]は 0.001 秒まで観測可能であった。しかし，これでもこの方法では 1000 pc ＝ 3260 光年ほどが距離測定限界である。

この限界を超えると年周視差の方法は使えない。これ以上の遠方にある天体の距離測定法を学ぶことは，星の明るさ，HR 図，変光星を学んでからにしよう。

8.2　星の明るさを知る

星の明るさの尺度は，古代ギリシアの天文家ヒッパルコス (Hipparchos, BC190 〜 BC125) が定めた規則に由来している。ヒッパルコスは，最も明るい星を 1 等星，その次に明るい星を 2 等星，…と，暗い星ほど数を増やして，人の目で見ることのできるおよそ限界の明るさを 6 等星として，星々の明るさを分類した[6]。1850 年，彗星の発見者としても知られているポグソン (N.R. Pogson, 1829 〜 1891) は，このヒッパルコスの規則を数量的に再定義した。

ポグソンは，これまでの星の等級に照らし合わせて，1.0 等級と 6.0 等級の光度比を 100 倍とした。これは，6.0 等星から 1.0 等級減るごとに 2.51 倍光度が増す[7]ことを意味する ($x^{6-1} = 100$ より，$x = 10^{\frac{2}{5}} = 2.512$)。また，北極星を 2.0 等級として，それを等級の基準とした[8]。こうすると，等級の表示は 1 から 6 の正の整数値に限らず，実数値で，1.0 等級より 2.51 倍明るい星を 0.0 等級，0.0 等級より 2.51 倍明るい星を － 1.0 等級，…と，より明るい星に対しても規則性をもって定義できる。

---

[5]　ヨーロッパ宇宙機関により，1989 年に打ち上げられ，1993 年まで運用された。この衛星の名は，ヒッパルコスに由来している。

[6]　プトレマイオスも同様な分類をしている。

[7]　このように，実際は等比の関係であるが，等差の関係にあると感じてしまう。これをウェーバー - フェヒナーの法則という。

[8]　北極星が変光星であることがわかり，これでは基準星としては不都合となるため，こと座のベガを 0.0 等級とした。

これを見かけの等級，あるいは実視等級という[9]。

この定義に従った惑星を含めた身近な星の明るさを表8.1に示した。1等以上は全天で21個の星[10]，このうち5個は南天にあるため，1年を通して日本からは16個を見ることができる。等級が下がると，宇宙のより深部を観測することになるため，全天で2等67個，3等190個，4等710個，5等2000個，6等5600個と急激に増えてくる。人の視力の分解能は約1分角，それと夜空の背景と区別が付くのは6等級が限界であることを考慮すると，全天で8588個，地平付近および下の星を除くと，裸眼で見える星は4000個程度である。よく，無数あるいは星の数と表現されるが意外と少ない。これは，分布が不規則で光度もさまざまであるための過多視効果，それに天の川のように多く分布しているところを見て，全体を推量してしまう推量効果のためであろう。

表8.1　太陽・月・惑星・身近な星の見かけの等級

太陽	-26.75	北極星	2.0
満月	-12.6	シリウス（おおいぬ座）	-1.44
金星	-4.7	ケンタウルス座 α 星	-0.01
火星	-3.0	ベガ（こと座）	0.0
木星	-2.8	アルタイル（わし座）	0.8
水星	-2.4	デネブ（はくちょう座）	1.3
土星	-0.5	南十字星 α	0.8
天王星	5.3	プロキオン（こいぬ座）	0.4
海王星	7.8	スピカ（おとめ座）	1.0

例題8.3　1等星の光度を L_1 とすれば，n 等星の光度 L_n はどう表されるか。また，L_1 と L が測定された場合，光度 L の星は何等星か。

解　$x = 10^{\frac{2}{5}}$ とすると，等級の数が1つ増えると光度は $1/x$ になるので $(x = 10^{\frac{2}{5}} = 2.51188\cdots)$，$n$ 等星の光度 L_n は初項 L_1，等比 $1/x$ の数列で表される。すなわち，$L_n = L_1(1/x)^{n-1}$ となる。

---

[9] 「見かけ」と形容されているのは，星それ自体の明るさを示しているのではなく，地球から観測した場合の明るさという意味である。
[10] 内訳は，-1 等級が2個，0等級が7個，1等級が12個。また，最も明るい星はシリウスである。

また，$L_n = L_1(1/x)^{n-1}$ から，$\log\left(\dfrac{L_n}{L_1}\right) = (n-1)\log\dfrac{1}{x}$ となるので，$x = 10^{\frac{2}{5}}$ より $n = 1 - \dfrac{5}{2}\log\left(\dfrac{L_n}{L_1}\right)$ 等星となる[11]。 ■

一般的に，m 等級の星の光度 L_m と n 等級の星の光度 L_n との関係は，例題 8.3 の式にある L_1 を L_m，1 を m に置き換えることにより得られる。

$$n - m = -\dfrac{5}{2}\log\left(\dfrac{L_n}{L_m}\right) = \dfrac{5}{2}\log\left(\dfrac{L_m}{L_n}\right) \tag{8.4}$$

これをポグソンの式という。この式は相対的な光度だけを定めているので，光度の基準となる星を決めておかなくてはならない。これは，変光星を除くなど精選して全天から 109 個の標準星を定め，それらを基準としている[12]。

星に限らず光源は，近いところにある方が明るい。このため，見かけの等級はその星までの距離が関係しているため，星自体の光度を示しているのではない。星がどの程度の光度で輝いているかを示すには，同じ距離で見た明るさで表現しなくてはならない。星から 10 pc (32.6 光年) 離れた位置での光度を絶対光度という。絶対光度を見かけの等級から求めるには，その星までの距離がわかっていなくてはならない。明るさは，光源からの距離の 2 乗に反比例する。距離 r，等級 n の星の見かけの明るさ (L_n) は，$L_n \propto \dfrac{1}{r^2}$ となる。また，10 pc 離れた星が光度 L_m，等級 (絶対等級) が m であるとする。$L_m \propto \dfrac{1}{10^2}$ なので，$\dfrac{L_m}{L_n} = \dfrac{r^2}{10^2}$ となる。これをポグソンの式に代入すると，

$$m = n + 5 - 5\log_{10} r \tag{8.5}$$

となる。絶対等級 m は，見かけの等級 n と，その星までの距離が既知であれば得られる。北極星は，2.0 等級で距離 132 pc（430 光年）であるので，

---

[11] 対数関数は，$y = 10^x \leftrightarrow x = \log_{10} y$ と指数関数の逆関数である。指数関数の基本性質から，次の性質があることがわかる。$\log_a a = 1$，$\log_a 1 = 0$，$\log_a xy = \log_a x + \log_a y$，$\log_a \dfrac{x}{y} = \log_a x - \log_a y$

[12] 現在，星の明るさ（光度）は，光電子増倍管を用いて星の光を電流に直して測定している。これを光電測光という。

絶対等級は，$m = 2.0 + 5 - 5\log_{10} 132 = -3.6$ である．シリウスは，-1.44 等級で距離 2.64 pc なので，$m = -1.44 + 5 - 5\log_{10} 2.64 = 1.45$ である．

例題8.4 太陽の絶対等級はいくらか．

解 $1\,\mathrm{pc} = 2.063 \times 10^5\,\mathrm{AU}$ なので，$1\,\mathrm{AU} = 4.847 \times 10^{-6}\,\mathrm{pc}$ である．見かけの等級が -26.75 なので，$m = -26.75 + 5 - 5\log_{10} 4.84 \times 10^{-6} = 4.824$ となる．絶対等級はシリウスより 3.4 等級暗い．太陽は近くから見ているため明るいことがわかる．∎

8.3　星の温度を知る

陶芸家は，窯の温度を放射光の色を見て知る．暗い赤であったら 550℃，明るい赤であったら 750℃，オレンジ色なら 900℃，黄色なら 1000℃，そして白色なら 1200℃と見当づけている．窯の温度によって磁器のできが異なるのだから，職人にとって必須の知識であった．

物質はその温度に応じて表面から電磁波を放射する．物質内の電子が熱運動をすることで，電場と磁場が変動して発生するためである．これを熱放射という．熱放射のスペクトルは，物質の種類によらず，温度のみで決まる．図 8.2 は，熱放射の強度を温度 (T) ごとに表したものである．

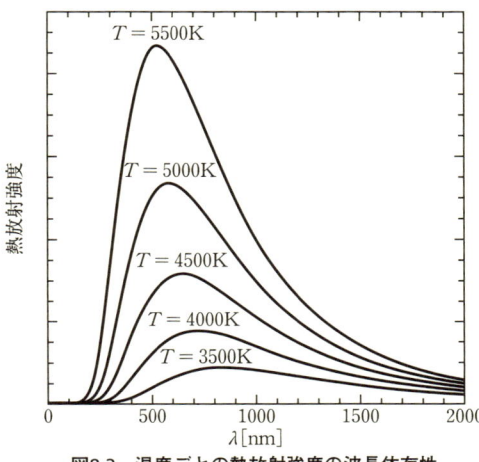

図8.2　**温度ごとの熱放射強度の波長依存性**

温度 T が高くなると山は高くなり，その頂上（ピーク）は波長の短い方に移っていく。このピーク（放射強度最大）となる波長を $\lambda_{\max}$ とすると，T と $\lambda_{\max}$ は反比例の関係にある。すなわち，

$$T = \frac{B}{\lambda_{\max}} \tag{8.6}$$

という関係がある。B は定数で，$B = 2.898 \times 10^{-3}$ m・K である。この関係式は，ウィーン（W. Wien, 1864 〜 1928）が 1893 年に導出した変位則（ウィーンの変位則）から導かれるため，ウィーンの法則という。

例題8.5 太陽の光球の温度は 5780 K である。この温度でのピーク波長はいくらか。

解 $\lambda_{\max} = \dfrac{B}{T} = 5.01 \times 10^{-7}$ m $= 501$ nm ∎

ウィーンの法則は，高い温度の測定に利用されている。星は高温であるので，放射強度最大となる $\lambda_{\max}$ を測定し，このウィーンの法則を用いると星の表面温度がわかる。青い星は表面温度が高く，赤い星は低い。次に，参考のため，色と波長のおおよその関係を表にした。

表 8.2　色と波長のおおよその関係

色	波長
紫	380 〜 450 nm
青	450 〜 495 nm
緑	495 〜 570 nm
黄	570 〜 590 nm
桃	590 〜 620 nm
赤	620 〜 750 nm

8.4　星の大きさを知る

太陽以外の星（恒星）の場合，その大きさは，望遠鏡による測定ができない。このため，星の大きさはシュテファン–ボルツマンの法則（第 7 章参照）を用いて知る。シュテファン–ボルツマンの法則によると，星の放射するエネルギーの総量 ε は，その星の半径の 2 乗と温度の 4 乗の積に比

例する。式で表すと，
$$\varepsilon = 4\pi\sigma R^2 T^4$$
となる。ただし，$\sigma = 5.670 \times 10^{-8}$ W/m² K⁴ である。太陽の半径 $R_\odot$，表面温度 $T_\odot$，光度 $L_\odot (=\varepsilon)$ とすれば，
$$a^2 = R_\odot{}^2 \left(\frac{L}{L_\odot}\right)\left(\frac{T_\odot}{T}\right)^4 \tag{8.7}$$
となる。星の光度 L，表面温度 T を知ることにより，星の半径 a が求められる。ただし，$R_\odot = 6.96 \times 10^8$ m, $T_\odot = 5780$ K, $L_\odot = 3.85 \times 10^{23}$ kW である。

例題8.6 太陽より光度が 50 倍，表面温度が 1.5 倍である星の半径はいくらか。

解
$$a^2 = R_\odot{}^2\left(\frac{L}{L_\odot}\right)\left(\frac{T_\odot}{T}\right)^4 = R_\odot{}^2 \times 50 \times \left(\frac{1}{1.5}\right)^4 = 9.88 R_\odot{}^2 \text{ より,}$$
$3.14 R_\odot$ となる。これは，ふたご座のカストルとほぼ同じである。　■

シュテファン‐ボルツマンの法則から星の大きさを求める方法は，星の表面温度 T を星のスペクトルの放射強度が最大となる波長 λ_{max} から求めているため，誤差が生じやすい。食連星（食変光星）の場合に限れば，精度よく求められる。食連星とは，食を起こす連星のことである。食連星では，2 つの星が互いに隠し合っているので，光度の変化，ドップラー効果を考慮してスペクトルを分析すれば，2 つ星の半径を知ることができる。単独星のスペクトルが，これら 2 つのいずれかに似ていれば，その星の半径も推測できる。

また，巨星の場合では，星の右半分から来る光と左半分から来る光の干渉を利用することによって，その半径を求めることができる。ただし，精度はよくない。

8.5　星の質量を知る

星の質量が直接求められるのは連星に限られる。連星以外は統計的推測である。連星は，2 つの星が互いの重力により結びつき，2 つの星の重心

の周りを公転している。星は，おおまかに，単独星4割，連星6割であり，連星の比率が高い。シリウスも連星[13]，ケンタウルス座 α 星も3重星である。

食の観測により公転周期 P と軌道半径 b がわかり，ケプラーの第3法則，

$$m_\mathrm{A} + m_\mathrm{B} = \frac{4\pi^2}{G}\left(\frac{b^3}{P^2}\right) \tag{8.8}$$

から質量の和が求まる。また，重心までの距離が質量に反比例することを使えば，質量 m_A と質量 m_B を求めることができる。シリウスAの $2.14\,M_\odot$ とシリウスBの $1.06\,M_\odot$，はくちょう座32番星Aの $23\,M_\odot$ とはくちょう座32番星Bの $8.2\,M_\odot$ は，このようにして求められた。図8.3は，多くの連星系の測定より，星の質量を計算したものを図示したものである[14]。この図からすると，光度は質量のおよそ3乗に比例している。

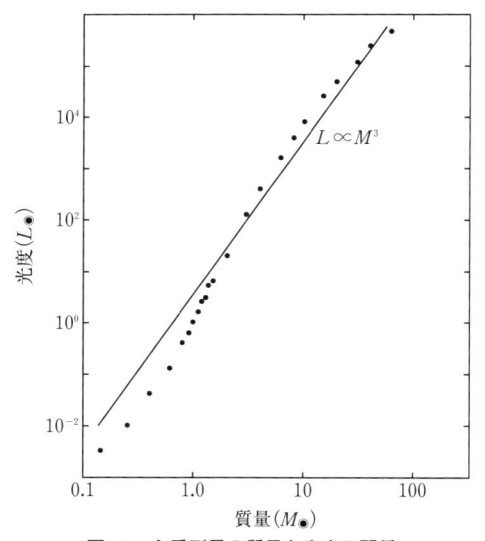

図8.3 主系列星の質量と光度の関係

---

13) ベッセルは，シリウスの蛇行運動を観測して，伴星（シリウスB）があることに気づいた。彼は，シリウスBの質量が太陽程度であることを計算により知ったが，その星を見つけることはできなかった。シリウスBは，地球の3倍ほどしかない白色矮星であった。
14) すべて主系列星である。

8.6　HR 図

観測は重要だが，観測データをどう整理するかも大切なことである。20世紀初頭には，いろいろな星の絶対光度，表面温度，大きさ，質量，それにスペクトル型（表 8.3）など，かなりのことがわかってきていた。

表 8.3　星のスペクトル型

スペクトル型	色	表面温度
O 型	青色	18000 〜 50000 K
B 型	青白色	10000 〜 18000 K
A 型	白色	7500 〜 10000 K
F 型	黄白色	6000 〜 7500 K
G 型	黄色	5300 〜 6000 K
K 型	橙色	3900 〜 5300 K
M 型	赤色	2400 〜 3900 K

デンマークの光化学者ヘルツシュプルング（Ejnar Hertzsprung，1873 〜 1967）は，星のスペクトルの違いを示す原因を探るため，1909 年の論文に，これまで観測された星の絶対光度とスペクトルの型を表にした（原型となる図を掲載した論文は 1911 年）。アメリカの天文学者ラッセル（Henry Norris Russell，1877 〜 1957）は，星の進化を探るために，横軸をスペクトルの型，縦軸を絶対等級にした図を 1914 年の論文に掲載した。2 人は，違う方向から，まったく互いに独立にこの図を考案した。この図を，ヘルツシュプルング - ラッセル図，あるいは 2 人の名の頭文字をとった HR 図という。図 8.4 に示した HR 図は，横軸にスペクトルの型（表面温度），縦軸に光度をとったものである。

HR 図から，ほとんどの星が左上（高温で明るい）から右下（低温で暗い）まで斜めに結ぶ帯状の領域に分布していることがわかる。この帯状領域を主系列といい，主系列に属している星を主系列星という。表面温度が高い星は明るく，低い星は暗くなっているが，これは，シュテファン - ボルツマンの法則 $L = 4\pi\sigma R^2 T^4$ から明白である。星の大きさが同じなら，表面温度 T が 2 倍になれば光度 L は 16 倍，T が 3 倍になれば L は 81 倍に

図8.4 HR図

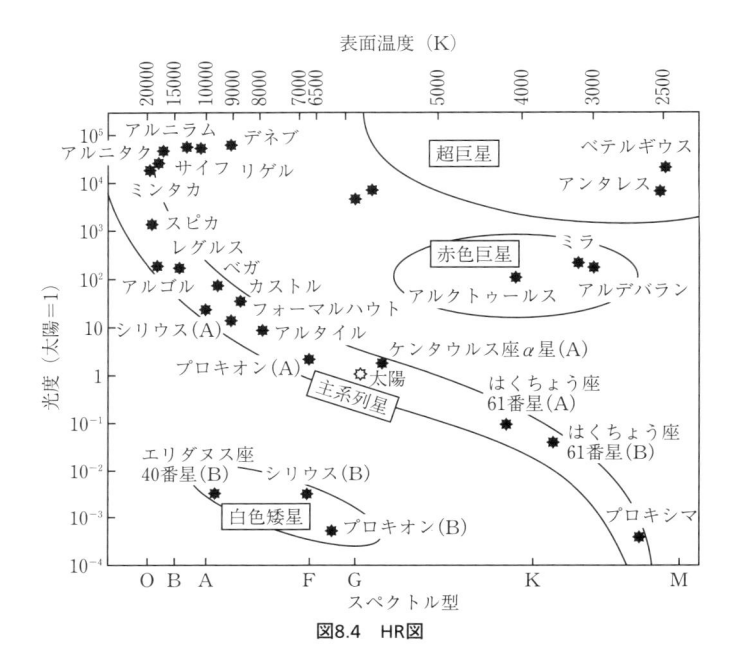

なり，T が大きければ急激に L は大きくなる。また，ウィーンの法則より，表面温度と波長は反比例するので，高温では波長が短く，低温では波長が長い。このため，青い星は明るく，赤い星は暗いとも表現できる。

また，右上側にある"低温だが明るい星"，左下側にある"高温だが暗い星"のグループがある。これは明らかに主系列とは区別できる。これら2つのグループをどのように解釈すればよいのだろうか。

光度 L は，温度の4乗（T^4）に比例するが，半径の2乗（R^2）にも比例する。このため，低温だが明るい星のグループは大きな星（巨星），高温だが暗い星のグループは小さな星（矮星）であると考えると矛盾は生じない。巨星の領域でのスペクトル型はおよそ K 型（橙色）なので赤色巨星[15]といい，矮星の領域でのスペクトル型はおよそ A 型から F 型（白から黄白色）なので白色矮星[16]という。HR 図により，主系列星，赤色巨星，白

---

[15] オリオン座のベテルギウス，さそり座のアンタレス，おうし座のアルデバラン，うしかい座のアルクトゥルス，くじら座のミラなどが赤色巨星。

色矮星とおおまかに星々を3つの系列に分類できる（数比では主系列星が92％，白色矮星7％，赤色巨星1％である[17]）。

HR図は，星の進化も示している。星団[18]の星々の絶対光度とスペクトル型を測定すると，その星団のHR図が描ける。図8.5の3つのHR図上の星の分布は異なっている。(a)は若い星団であるので理論上年齢0の主系列曲線上にほぼ分布している。(b)は中くらいの年齢の星団であるのでこの曲線からのずれが始まり，巨星が姿を表している。(c)は年老いた星団であるため，巨星ばかりか矮星の姿も見えてきた。

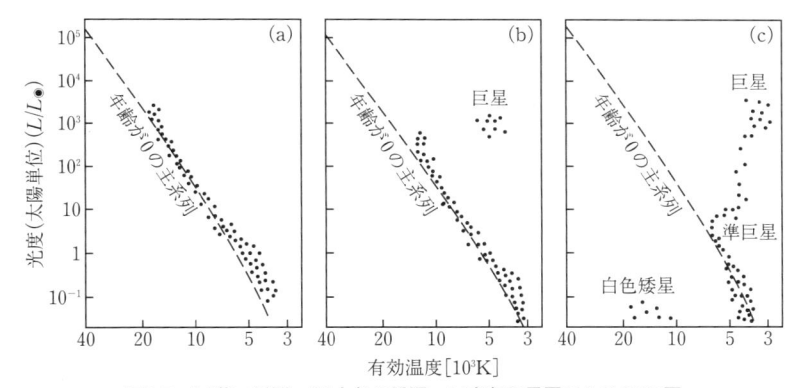

図8.5 (a)若い星団，(b)中年の星団，(c)老年の星団におけるHR図

8.7 さらに遠くの距離を知る

100 pc（326光年）を超えると地上では年周視差が検出できないため，視差での距離測定法は使えない。これ以上の遠い星までの距離測定は統計的手法が使われるようになる。

HR図で見られるように，主系列星においては，星の表面温度と絶対光

---

16) シリウスの伴星，エリダヌス座40B，プロキオンB，ヴァン・マーネン星などが白色矮星。
17) HR図には，通常，白色矮星より赤色巨星の方が多く書かれている。これは，赤色巨星の見かけの等級も高く（ほとんどが1等星），名前の付いている星がほとんどであるためである。
18) 星団には，星が1万から10万個集まっている球状星団と，100個から1000個集まっている散開星団がある。

度の一意的な関係がある．表面温度を知ることができれば，絶対光度 L_m がわかる．観測により見かけの光度 L_n を知れば，絶対光度の関係からその星までの距離 r は，

$$r = 10\sqrt{\frac{L_m}{L_n}}$$

より求めることができる．この方法では，約 1 kpc まで測定可能である．しかし，測定する星が主系列星であること，それに，星の光が星間空間の物質によって吸収や散乱が起こらないことが前提となっているので，不確かさがある．実際，遠方の星の観測には，星の色が赤い方に変わってしまう（赤化）傾向にある．このため，星の表面温度は低く測定され，絶対光度も小さく計算されてしまう．このこともあって，現在では，この方法はあまり使われていない．

1 kpc 以上の遠方を観測すると多くの変光星が含まれることになる．そこには，変光の周期 τ と絶対光度 L_m の間に，

$$L_m \propto \tau^{0.9}$$

という関係が経験的に知られているセファイド型変光星[19]も存在する（図 8.6 を参照）．セファイド型変光星を探し，その周期と見かけの光度を測定して，周期から絶対等級を知り，絶対等級と見かけの等級から距離を求める．光度の観測できる 20 Mpc（約 6500 万光年）程度までの距離が測れる．

これ以上遠くの距離を測るには，絶対光度の時間変化がほぼ同じである Ｉｂ型超新星を用いる方法がある．Ｉｂ型超新星を探して，その光度の時間変化から絶対光度を求め，それと見かけの光度により距離を知るわけである．これは超新星が銀河 1 個程度の明るさをもっているため，最近よく使われるが，Ｉｂ型超新星が起こらない限り，測定はできない．

この他にも，円盤銀河の絶対光度がその回転速度の 4.5 乗に比例しているというタリー‐フィッシャーの関係，楕円銀河の絶対光度が回転速度分散の 4 乗に比例しているというフェイバー‐ジャクソンの関係から求めら

---

[19] セファイド（Cepheid）型変光星は，ケフェウス（Cepheus）座デルタ星で発見されたため，こう名付けられた．セファイド型変光星に，このような関係があることを発見した（1912年）のはヘンリエッタ・リービット（Henrietta Swan Leavitt, 1868～1921）である．この発見が，現代宇宙論を切り開いたといっても過言ではない．

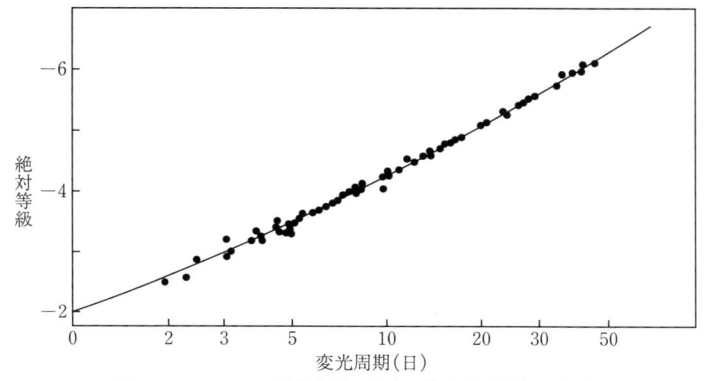

図8.6 セファイド型変光星の変光周期と絶対等級の関係

れている。これらは，100 Mpc（約3億光年）以上の距離測定にも用いられているが，経験法則に従っているという（科学としての）不安定さばかりか，統計処理に伴う誤差の問題がつきまとっている。

章末問題

8.1 k 等級の光度は $(k-1)$ 等級の光度の $10^{-\frac{2}{5}}$ 倍であることを使うと，n 等級の光度は，$L_n = L_1\left(10^{-\frac{2}{5}}\right)^{n-1} = L_1 10^{-\frac{2(n-1)}{5}}$ と表せる。ここで，L_1 は1等級の光度である。このことからポグソンの式を導け。

8.2 バーナード星の見かけの等級は 9.54，絶対等級は 13.24 である。バーナード星までの距離を求めよ。

8.3 シリウスAは，年周視差 0.379 秒，見かけの等級 -1.44，半径 $1.76 R_\odot$ である。これらデータより，シリウスAの表面温度を求めよ。ただし，太陽の絶対等級 4.82，太陽の表面温度 5780 K として計算せよ。

8.4 変光周期 20 日，見かけの等級 20 のケフェウス型変光星までの距離はいくらか。ただし，変光周期と絶対光度の関係は図 8.6 に従うとする。

第 9 章

星の終末は，極限状態の物理実験室である。密度を例にすると，白色矮星は数トン$/cm^3$, 中性子星は数億トン$/cm^3$という超高密度の世界である。さらにブラックホールは，時間，空間，物質のエンタングルメントの場である。

星の物理 II

9.1　　星の誕生

　星と星の間にもわずかだが物質がある。これを星間物質という。星間物質の成分は，質量比で 70～75% が水素，23～28% がヘリウム，約 2% が重元素[1]である。星間物質の分布は一様ではなく，密度の高いところと低いところがある。密度の高いところを星間雲という（高いといっても地上の大気の 10^{-17} ほどである）。星間雲の中でもさらに密度の高い雲では，水素原子は結合して分子 (H_2) となっている。これを分子雲[2]という。星間物質は背景の星の光を明るく輝かせるが，分子雲はそれらの光を吸収してしまうので，シルエットのように暗い影となる。このため暗黒星雲と呼ばれている。オリオン座の馬頭星雲が例である (図 9.1)。

　星は，この分子雲が自己重力によって収縮することによって生まれる。同じ環境でほぼ同時に複数の星が誕生し，連星系として育つ場合が多い。2 重星，3 重星が多いのはこのためである。

　分子雲の中で物質が集まりはじめると，中心に密度の高いガス塊ができ

---

[1]　原子番号 3 番以上を重元素という。つまり，水素とヘリウムだけが軽元素である。
[2]　分子雲の主成分は H_2 だが，CO, OH, H_2O, NH_3, それに C_2H_5OH のような複雑な分子も観測されている。

図9.1 オリオン座にある馬頭星雲
色が黒いのは大量の塵を含んでいるためである。ハッブル望遠鏡では，誕生したばかりの星も観測できた。

る。このガス塊では，中心に向かうほど圧力が高くなっていて，それが外側に向かう力をつくって重力とつり合っている。このように，外に向かう力（内部圧）と中心に向かう力（重力）がつり合っている状態を，力学平衡（あるいは静水圧平衡）にあるという。また，ガス塊の外側では，ガス雲が円盤状に降着し，中心にあるガス塊に向かって自由落下している。ガス塊は徐々に質量を増していき，原始星へと成長する。原始星は，最初，降着円盤[3]や自由落下してくる厚いガス雲に囲まれているため見ることができないが，落下してくるガスが少なくなると光の吸収も少なくなって，（外部の観測者に）姿を現すことになる。

　星の質量は，ガスの落下がいつ終わるかによって決まる。この質量決定でその星の一生がほぼ定まる[4]。星の進化は，原始星の急激な重力収縮から始まる。この収縮によって原始星の中心部は力学平衡となり，その付近で衝撃波が生じて，外部へと達する。この衝撃波が表面に達すると，表面が熱せられて原始星は急激に光度を増す（周辺のガスのほとんどが，この衝撃波によって吹き飛ばされ，星の質量の増加は終わる）。この光度の増

---

[3]　流れ込むガスは角運動量をもっているため，原始星に直接落下することなく，円盤状になって原始星の周りを回転する。これを降着円盤という。

[4]　星の質量は太陽質量を単位として表すが，これらは主系列星となるこの質量を指している。赤色巨星後の外層部を捨て去った後もこれで表している。

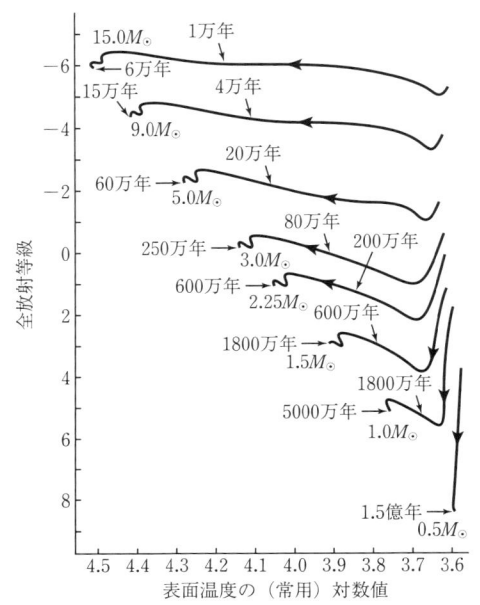

図9.2 林フェイズから主系列星に至る星の進化過程

加は，星全体が力学平衡に達したところで終わる．図 9.2 は，この段階から主系列星に至る過程を示した HR 図である．横軸に表面温度（ただし，HR 図なので左にいくにつれて高温となる），縦軸が光度を示している．最高光度に達した原始星は，表面温度をほとんど上げずに光度を下げる[5]．この過程では，星の内部では対流が起きている．この対流が中心部から収まってくると，あまり光度を変化させずに表面温度を上昇させて主系列星に至る．図 9.2 の 8 本の曲線の終端を結んだ線が主系列星の線である．

主系列星に至るまでの時間は，星の質量が大きいほど短い．重力が大きいために，中心部での水素原子核が核融合反応を起こす条件を満たすまでの時間が短くなるからである．原始星から主系列星に至る時間は，およそ，その星が主系列星で過ごす時間の 1/100 程度である．

---

[5] 原始星が最高光度に達してから光度を下げるまでの過程を林フェイズといい，HR 図上のこの進化経路を林トラックという．1961 年に林忠四郎（1920～2010）が星の進化段階の物理的意味を明らかにしたことにより，そう呼ばれている．

例題9.1

分子雲の重力がガス圧に比べて十分に大きい場合，自由落下収縮がよい近似となる。この近似によると，一様な密度 ρ をもった球形の分子雲が自由落下に要する時間 t_f は，

$$t_f = \sqrt{\frac{3\pi}{32G\rho}}$$

で求められる。分子雲の密度が $\rho = 10^{-15}$ kg/m^3 であるなら，自由落下時間はいくらか。

解

$$t_f = \sqrt{\frac{3\pi}{32G\rho}} = \sqrt{\frac{3 \times 3.14}{32 \times 6.67 \times 10^{-11} \times 10^{-15}}} \text{ 秒} = 6.6 \times 10^4 \text{ 年} \quad \blacksquare$$

9.2 主系列星

主系列星では，中心部で水素原子核（陽子 p）がヘリウム原子核 He に核融合反応することによって，発生するエネルギーと重力エネルギーがつり合っている。水素原子核の核融合段階にあるため，水素燃焼段階の星ともいう。また，原始星のように収縮することもなく，大きさは一定で定常状態として安定し，星は生涯の9割ほどをこの主系列星で過ごす。HR 図において，主系列星が星全体のほぼ9割を占めている理由はここにある。

太陽のような質量の小さな星では，7章で学んだ陽子-陽子連鎖反応（p-p チェーン）によりエネルギーを発生させているが，質量の大きな星では CNO サイクルという機構によって発生させている。CNO サイクルとは，炭素 (C)，窒素 (N)，酸素 (O) を媒体として，p を融合させて He をつくりだす，図 9.3 に示した循環反応である。

サイクル反応なのでどこから開始してもよいが，図中にある☆印から始めると，

$$^{12}\text{C} + \text{p} \rightarrow {}^{13}\text{N} + \gamma \tag{9.1}$$

$$^{13}\text{N} \rightarrow {}^{13}\text{C} + e^+ + \nu_e \tag{9.2}$$

$$^{13}\text{C} + \text{p} \rightarrow {}^{14}\text{N} + \gamma \tag{9.3}$$

$$^{14}\text{N} + \text{p} \rightarrow {}^{15}\text{O} + \gamma \tag{9.4}$$

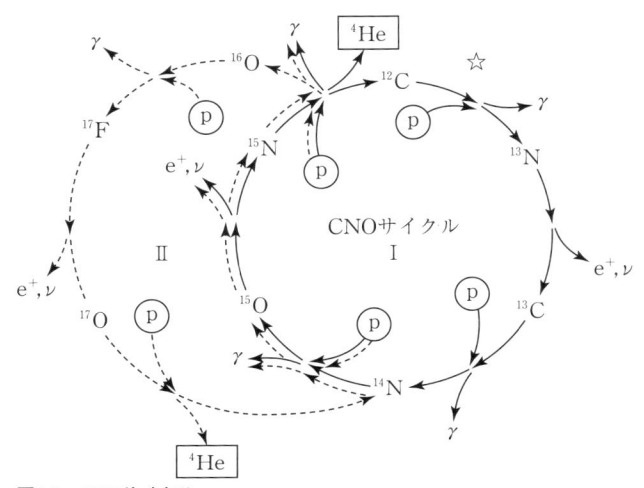

図9.3　CNOサイクル
1サイクルで，4つの陽子が消費され，1つのHe原子核がつくられる。

$$^{15}\text{O} \rightarrow {}^{15}\text{N} + e^+ + \nu_e \tag{9.5}$$

$$^{15}\text{N} + p \rightarrow {}^{12}\text{C} + \text{He} \tag{9.6}$$

という連鎖となる。結果的には，

$$4p \rightarrow \text{He} + 2e^+ + 2\nu_e + 3\gamma \tag{9.7}$$

となる。Ⅰのサイクルを一回りするとC，N，Oが触媒として働いて，pが4つ消費されてHe原子核を1つ生産する。反応領域の温度が16000 K以上であれば，Ⅱのサイクルも稼働することになり，

$$^{15}\text{N} + p \rightarrow {}^{16}\text{O} + \gamma \tag{9.8}$$

$$^{16}\text{O} + p \rightarrow {}^{17}\text{F} + \gamma \tag{9.9}$$

$$^{17}\text{F} \rightarrow {}^{17}\text{O} + e^+ + \nu_e \tag{9.10}$$

$$^{17}\text{O} + p \rightarrow {}^{14}\text{N} + \text{He} \tag{9.11}$$

という連鎖反応が起こる。これは結果的に，

$$3p + {}^{15}\text{N} \rightarrow \text{He} + {}^{14}\text{N} + e^+ + \nu_e + 2\gamma \tag{9.12}$$

となるので，^{14}Nが増加することになる。このように，CNOサイクルによってC，N，Oの総量は変わらないが，混合比は変化する。結果的に，CとOが減って^{14}Nが増える。それに，^{12}Cと^{13}Cの存在比が5対1程度になる。星のスペクトルから，^{13}C/^{12}Cと窒素と炭素の存在比を測定し，

^{12}C と ^{13}C の存在比である 9 対 1 と比較する[6] ことにより，CNO サイクルの効果の度合がわかる。

例題9.2 反応 ^{2}H + p → ^{3}He + γ と反応 ^{13}C + p → ^{14}N + γ で発生するエネルギー ΔE を比較せよ。ただし，p の質量 1.67262×10^{-27} kg，^{2}H の質量 3.34267×10^{-27} kg，^{3}He の質量 5.00549×10^{-27} kg，^{13}C の質量 21.5808×10^{-27} kg，^{14}N の質量 23.2399×10^{-27} kg として計算せよ。

解 反応 ^{2}H + p → ^{3}He + γ における質量欠損は 9.8×10^{-30} kg である。これより $\Delta E = 8.8 \times 10^{-13}$ J，反応 ^{13}C + p → ^{14}N + γ における質量欠損は 1.4×10^{-29} kg である。これより $\Delta E = 1.3 \times 10^{-12}$ J である。 ∎

9.3 赤色巨星

主系列星は，p-p チェーン，CNO サイクルのどちらにしても，全体の約 10% の水素を消費した段階で大きな変化を始める。星の中心核 (コア) を形成する原子核は，星の質量によって異なる。太陽程度の星の進化はおよそ次のようである。

中心領域には陽子がなくなり，ヘリウム原子核のコア (ヘリウム・コア) ができる。水素燃焼は，このヘリウム・コアを覆う殻領域で起こるようになる。この球殻を水素燃焼殻という。水素燃焼殻は，ヘリウム・コアと主に水素からなる外層との境界にある (図 9.4 にその概念図を示した)。ヘリウム・コアにはエネルギー源がないため，重力収縮を始める。外層部が，それにつられて収縮すると，水素燃焼殻の温度が上がって反応が促進され，外層部は膨張する。すると，水素燃焼殻の温度が下がって，再び収縮する —という過程を繰り返すため，水素燃焼殻の半径はおよそ一定している。水素燃焼殻での反応により，生成されたヘリウムはコアへ落下し，ヘリウム・コアは徐々に成長する。質量の増えたヘリウム・コアはさらに収縮を進めるため，温度が上がり，ヘリウム燃焼が起こる。これによる内部圧により，力学平衡に戻り，外層部の膨張はとまる。この段階で，太陽は現在

---

[6] 安定同位体の存在表によると，^{12}C と ^{13}C の存在比は 98.93 対 1.07 である。

第 9 章 星の物理 II

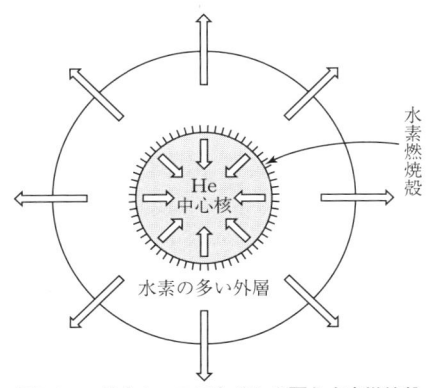

図 9.4 ヘリウム・コアとそれを覆う水素燃焼殻

の 10〜20 倍になっている。中心部は，炭素‐酸素コアとなり，そのコアを取り囲む層はヘリウム燃焼殻となる。また，この殻を取り囲む層は核反応を起こしていないヘリウム，その外層は水素燃焼殻となる。このような状況で再び中心部と外層部との力学平衡が崩れ，外層部は膨張に転じる。このようにして，収縮する中心部と膨張する外層部からなる赤色巨星の構造がつくられ，星は，主系列星から赤色巨星となっていく。外層部は中心部から離れ，惑星状星雲となり，星間空間に静かに物質を放出する。

赤色巨星として，半径が $16\,R_\odot$ のうしかい座のアルクトゥルス，半径が $42\,R_\odot$ のおうし座のアルデバラン，半径が $365\,R_\odot$ もあるくじら座のミラ[7]がよく知られている。赤色巨星は明るい星が多いため，数多くあるように思えるが，この段階に留まる時間が短いため，実際は少数である。

質量の大きな星は，燃料である水素の量が多くあるが，重力が大きいので消費はそれ以上に速い。光度は質量の 3〜4 乗に比例するため，星が主系列星でいる時間（主系列星の寿命）は星の質量の 2〜3 乗に反比例する。

例題 9.3 主系列星の寿命 t_H は，$t_H \propto M^{-2.5}$ で記述できるとする。$1\,M_\odot$ の主系列星での寿命を 100 億年であるとすると，$5\,M_\odot$，$10\,M_\odot$，$20\,M_\odot$ の主系列星での寿命はいくらか。

---

[7] ミラは，脈動変光星としても有名である。このため，半径 $330\,R_\odot$〜$400\,R_\odot$（本文の $365\,R_\odot$ はこの中央値である），光度 $8400\,L_\odot$〜$9400\,L_\odot$，表面温度 2900K〜3200K と変動している。

解 $5^{2.5} = 55.9$ なので $t_H = 1.8$ 億年，$10^{2.5} = 316$ なので $t_H = 3200$ 万年，$20^{2.5} = 1789$ なので $t_H = 560$ 万年となる。∎

主系列星から離れた段階から，質量の大小によって，その運命は大きく異なっていく。太陽程度の質量の小さな星では，ヘリウム原子核の核融合反応が起こるほどまでコアの温度は上がらない。太陽質量の 1.5 倍ほど大きな質量をもった星では，コアの温度が 1 億 K 以上に上昇すると，

$$\text{He} + \text{He} + \text{He} \rightarrow {}^{12}\text{C} + \gamma \tag{9.13}$$

という反応が起こる。ヘリウム原子核は α 粒子であるので，これは 3α 反応と呼ばれている。また，この生成された ^{12}C が近くの He と反応して，

$$ {}^{12}\text{C} + \text{He} \rightarrow {}^{16}\text{O} + \gamma \tag{9.14}$$

が起こる。これをヘリウム燃焼という。

ヘリウム燃焼でできた ^{12}C と ^{16}O が星の中心部に溜まって，C + O コアをつくる。このように，中心部は核融合反応と重力崩壊をくり返しながら進化する。しかし発生するエネルギーの大きさは，3α 反応では 4p → He 反応の 1/4 ほどと小さくなる。一般に，発生するエネルギーは，融合する原子核の質量が大きくなると小さくなる。

例題9.4 4p → He は，3α 反応と比べて発熱エネルギーは何倍か。He の質量を 6.64287×10^{-27} kg，^{12}C の質量を 19.9155×10^{-27} kg としなさい。

解 3α 反応での質量欠損は 1.3×10^{-29} kg，4p → He での質量欠損は 4.8×10^{-29} kg なので，3.7 倍となる。結合エネルギーの差が小さくなって，発熱エネルギーが小さくなったためである。∎

9.4 白色矮星

赤色巨星の以後の星の進化は，主系列星の段階で質量の大きさによって異なる。①質量が $3 M_\odot$ 以下の星は白色矮星，②質量が $3 M_\odot$ から $8 M_\odot$ 程度の星は，核反応が暴走してしまって跡形もなくなってしまう，③質量が $8 M_\odot$ から $30 M_\odot$ 程度の星は中性子星，そして，④質量が $30 M_\odot$ 以上の星はブラックホールとなる。図 9.5 は，星の進化と終末のシナリオの概略である。

白色矮星は，主系列星の段階で質量 $3 M_\odot$ 以下の星が，重力収縮と核反

第 9 章 星の物理 II

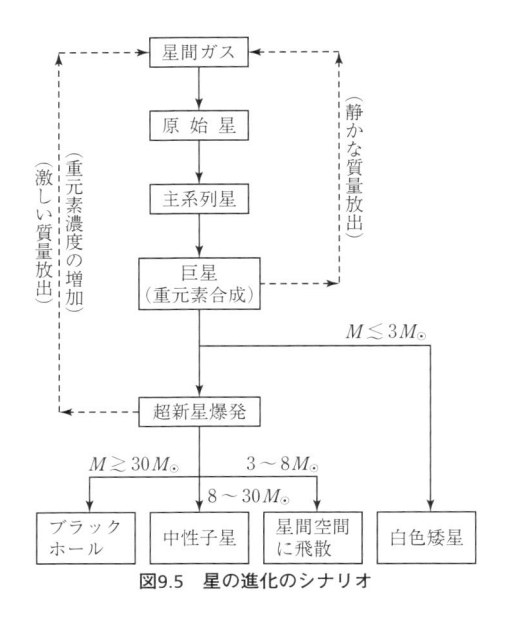

```
                    星間ガス
                       ↓
                    原 始 星
                       ↓
                    主系列星
                       ↓
                     巨星
                  (重元素合成)
                       ↓          M ≲ 3M☉
                   超新星爆発
         M ≳ 30M☉  ↓  3〜8M☉
              8〜30M☉
     ブラック    中性子星   星間空間    白色矮星
     ホール              に飛散
```
(静かな質量放出) / (重元素濃度の増加) / (激しい質量放出)

図9.5　星の進化のシナリオ

応段階を経て辿りつく終末の姿である。現在の太陽も 50 億年ほどで赤色巨星になり，後に白色矮星となる。収縮するコアと膨張する外層部の二重構造をもつ赤色巨星が，外層部を星間空間に捨て去ると，炭素 (C) と酸素 (O) の C + O コアとヘリウムと水素の薄い殻からなる白色矮星が残る。

　典型的な白色矮星は，質量 $0.6\,M_\odot$ 程度，半径 $0.01\,R_\odot$ 程度である。これらのほとんどは，(前述の) C + O コアの白色矮星である。赤色巨星の段階でさらに反応が進んだ星では，酸素 − ネオン − マグネシウムをコアとしている白色矮星もある。

例題9.5　白色矮星を質量 $0.6\,M_\odot$，半径 $0.01\,R_\odot$ の球体であるとすると，その平均密度はいくらか。

解　太陽の平均密度より，$1.4\,\text{g/cm}^3 \times 0.6/(0.01)^3 = 8.4 \times 10^5\,\text{g/cm}^3$ となるので，平均密度は $8 \times 10^5\,\text{g/cm}^3 = 0.8\,\text{トン}/\text{cm}^3$ となる。これは，車 1 台を縦 1 cm・横 1 cm・高さ 1 cm の大きさに圧縮した密度である。　■

例題9.6　表面温度 $5\,T_\odot$，半径 $0.01\,R_\odot$ の白色矮星の光度は，太陽光度の何倍か。

解 $0.01^2 \times 5^4 = 6.25 \times 10^{-2}$ 倍となる。白色矮星の絶対光度は 10 〜 16 等である。表面温度が高くても，これだけ小さいので見かけの等級は低い。 ■

　主系列星は，コアでの水素燃焼により発生する内部圧と重力との均衡により支えられている。白色矮星の大きさを一定に保っているのは，何だろうか。白色矮星のコアは高温・高密度状態になっている。高密度ということで，原子核も電子も，衝突頻度が高い。また，高温なので高速で運動していることになるが，電子は原子核に比べて質量が非常に小さいため，その分だけ速度は大きい。この電子の運動が重力と均衡する内部圧を生む[8]。電子がコアの中で縮退することによって生じる内部圧なので，これを電子縮退圧という。このような高密状態における電子の速度分布は，温度に依存するマクスウェル–ボルツマン分布[9]に従わず，温度に依存せずに密度によって決まるフェルミ分布に従う。また，圧力も温度に依存しないため，重力と均衡する圧力勾配は密度勾配で決まる。

　白色矮星は，電子縮退圧によって支えられているので，限界質量をもつ。$1.46\,M_\odot$ 以上の白色矮星は存在しないのである。この電子縮退圧では支えきれない質量の上限値を，チャンドラセカール限界という[10]。質量がチャンドラセカール限界以下であるなら，星は白色矮星で一生を終えるが，それ以上の質量の星は，他の姿で終えることになる。

　白色矮星は，水素の吸収線だけが見られる DA 型，ヘリウムの吸収線だけが見られる DB 型，重元素の吸収線が見られる DC 型，あるいは DZ 型など，スペクトルの特徴により分類されており，数百ほど発見されてい

---

[8] 密度が小さければ，同じ速度をもつ電子は少ないが，密度の増加とともにその数は増えてくる。電子はフェルミ粒子なので，1 つの量子状態に 1 個しか入ることができない。この制限より，さらに高速で運動しなくてはならない電子がでてくる。このように，電子の平均速度は，温度ではなく，密度によって決定されることになる。このような分布を，フェルミ分布という。

[9] 理想気体など，量子性が無視できる粒子は，ほとんどこの分布に従う。

[10] チャンドラセカール (S. Chandrasekhar, 1910 〜 1995) はインドのラホール (現在，パキスタン) に生まれ，19 歳で大学卒業した後，ケンブリッジ大学留学のための船の中で，白色矮星の質量限界についての着想を得た。1930 年のことである。師であるエディントン (A.S. Eddington, 1882 〜 1944) は執拗に反対したが，チャンドラセカールが正しかった。

る(暗いため目立たないが，数は巨星より多い)。

　シリウスの伴星であるシリウスBが白色矮星であることはよく知られている。この発見には，星までの距離を最初に測定したベッセルが関わっている。ベッセルは，シリウスが蛇行運動していることを観測により見出し(1844年)，伴星があることには気づいていたがその天体を発見することはできなかった。シリウスBの発見者は，望遠鏡製作者クラーク (A.G. Clark, 1832～1897) であった。彼は，ミシシッピー大学から受注された口径18.5インチ(47cm)屈折望遠鏡(当時最大)の試験観測(1862年)をしていた際に発見した。この星のスペクトルを得たのは，ウィルソン山天文台のアダムス (W.S. Adams, 1876～1956) で，シリウスBの初観測よりずっと後の1915年であった。これで，シリウスBが高温で暗い星であることが判明した。白色矮星の"白色"は，シリウスBが白色 (A型) であることに由来している。シリウスAとの比較を表9.1に示した。

表9.1 シリウスAとシリウスBとの比較

	型	絶対等級	視差 (秒)	質量 ($M_\odot$)	半径 ($R_\odot$)	有効温度 (K)
シリウス A	A1	1.45	0.379	2.14	1.68	9700
シリウス B	DA	11.4	0.379	0.98	0.013	25000

9.5　フラッシュ

　星は，一般に，中心部でヘリウム燃焼が終わると終末へと向かう。前節で学んだように，質量が $3 M_\odot$ 以下の星は白色矮星になる。この星より質量の大きい星 ($3～8 M_\odot$) では，どうなるか。

　中心部の温度が1億度になるとヘリウム燃焼が起こる(表9.2参照)。$8 M_\odot$ 以上の大質量星では，中心部のガスはマクスウェル–ボルツマン分布に従うので，温度上昇に伴って圧力が増して膨張が起こる。この膨張が温度上昇を抑えるため，ヘリウム燃焼の暴走は起こらない。一方，質量が $3 M_\odot ～ 8 M_\odot$ であった赤色巨星後の星は，電子縮退圧によって支えられている。電子が縮退したガスはフェルミ分布に従うため，温度が上昇しても

圧力には変化がなく，膨張も起こらない。このため，温度上昇を抑えることがなく，ヘリウム燃焼はさらに活発化して，暴走が起こり，急激な温度上昇と莫大なエネルギーを放出することになる。この現象をヘリウムフラッシュという。中心部での温度が上昇し，数億度に達すると電子縮退は弱まり，ガスはマクスウェル-ボルツマン分布に従うようになり，膨張が起こり，温度が下がってヘリウムフラッシュもおさまる。ヘリウムフラッシュの間，中心部は大量のエネルギーを発生するが，星の内部で使われ表面には出てこない。

表9.2 星の中心部で起こる核反応

反応過程	燃料	生成される元素	点火温度
水素燃焼	H	He	約 0.1 億 K
ヘリウム燃焼	He	C, O	約 1 億 K
炭素燃焼	C	O, Ne, Na, Mg	約 5 億 K
ネオン燃焼	Ne	O, Mg	約 10 億 K
酸素燃焼	O	Mg, Al, Si, P, S	約 20 億 K
シリコン燃焼	Si	Fe 付近の元素	約 30 億 K

中心部でのヘリウム燃焼が終わると，コアは炭素-酸素から構成されるようになり，そのコアを覆う層がヘリウム燃焼殻となる。コアの温度が3億度Kほどまで上昇すると，電子が縮退したC-Oコアの中で炭素燃焼，

$$^{12}\text{C} + ^{12}\text{C} \rightarrow ^{23}\text{Na} + p \qquad (9.15)$$
$$\rightarrow ^{20}\text{Ne} + ^{4}\text{He} \qquad (9.16)$$
$$\rightarrow ^{23}\text{Mg} + n \qquad (9.17)$$

が起こる。コアはナトリウム，マグネシウム，ネオンからなり，電子縮退ガスが充満している。この電子縮退ガスの中で燃焼が起こるので，ヘリウムフラッシュと同じように核反応は暴走して，炭素フラッシュが起こる。このフラッシュは激しく，星 ($3M_\odot \sim 8M_\odot$) は超新星を起こして跡形もなくなってしまう。すべての物質が宇宙空間に激しく放出される。すなわち，主系列星での質量が $3 \sim 8M_\odot$ の星の最期は，星間空間にすべての物質をばらまいてしまい，跡には何も残らない。

9.6　中性子星

　主系列星の段階で質量が $8\,M_\odot \sim 30\,M_\odot$ の星は，太陽などの軽い星とは異なり，穏やかな生涯は送れない。重力は非常に大きく，それに伴って圧縮の力も大きく，コアは高温となるため核反応の速度も速い。例えば，質量が $25\,M_\odot$ の星では，水素燃焼が 700 万年，ヘリウム燃焼が 50 万年，炭素燃焼が 600 年，ネオン燃焼が 1 年，酸素燃焼が 6 か月，シリコン燃焼が 1 日と進化の速度が速く，星の一生に起こるイベントが次々と起こる。

　コアは高温であるため，炭素燃焼の際においても，電子縮退は強くなくフラッシュは起こらない。炭素燃焼が終わると，コアは酸素，ネオン，マグネシウムから構成されるようになる。質量が $10\,M_\odot$ 以下の星では，炭素燃焼までしか進まない。このため，コアは電子縮退圧で支えられているが，コアを覆う炭素燃焼殻での反応が進みコアの質量を増加させ，コアをチャンドラセカール限界以上の質量とすると重力崩壊が起こり，中性子星となる。外層部は，このときに起こる超新星により爆発的に放出される。

　質量が $10\,M_\odot$ 以上であるなら，炭素燃焼→ネオン燃焼→酸素燃焼→…と，核融合反応が発熱反応の限界である鉄（^{56}Fe）まで進む。図 9.6 は，原子核の核子[11]あたりの結合エネルギー[12]を質量数ごとに表したグラフである。^{56}Fe が最大値となっていることがわかる。^{56}Fe より軽い核は融合するとエネルギーが得られ，^{56}Fe より重い核は $^{235}\text{U} + \text{n} \rightarrow\ ^{141}\text{Ba} +\ ^{92}\text{Kr} + 3\text{n}$ のように崩壊するとエネルギーが得られる。

　中心部には次々と重い元素がつくられ，図 9.7 に示したように，鉄のコアを中心として，重い元素の層から軽い元素の層へと順々に重なるタマネギ構造となる。鉄より原子番号が大きな原子核がつくられないのは，図 9.6 からわかるように，質量数がこれより大きいと核融合反応が吸熱反応となるためである。

　鉄のコアの状態は，およそ密度 $4\times 10^9\,\text{g/cm}^3$，温度 $8\times 10^9\,\text{K}$，質量 $1.2\,M_\odot \sim 1.6\,M_\odot$ である。鉄のコアは，鉄が核反応の終点であるため核融合反応によるエネルギー生成がない。鉄のコアは電子縮退圧で支えられて

---

[11]　原子核の構成要素である陽子と中性子の総称である。
[12]　核子どうしが束縛しているとき，個々に分離するために必要なエネルギーのこと。

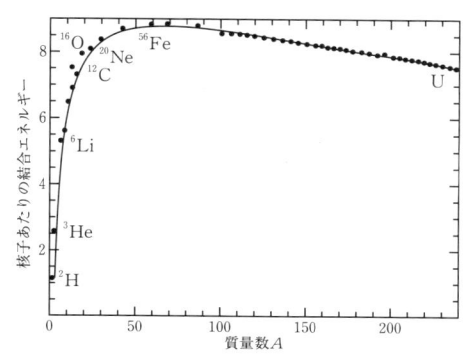

図9.6 核子あたりの結合エネルギー
^{56}Feの結合エネルギーが最も大きい。

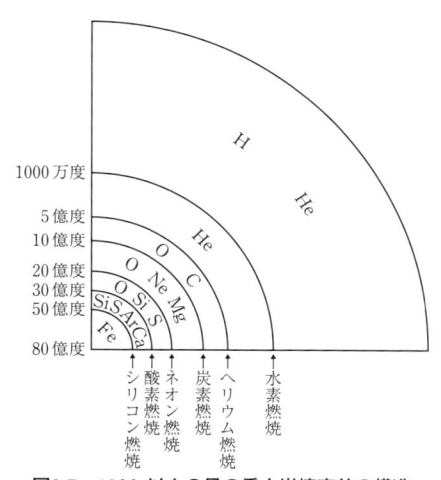

図9.7 10$M_\odot$以上の星の重力崩壊直前の構造

いる。鉄のコアの覆うシリコン燃焼殻は鉄原子核を生成し，鉄のコアは大きくなる。これにより密度も温度も上昇する。鉄のコアの温度が10^{10} Kを超えると，熱放射のうちの高エネルギーの光子が鉄原子核と反応，

$$^{56}\text{Fe} + \gamma \rightarrow 13\,^{4}\text{He} + 4\text{n} - 124.4\,\text{MeV} \tag{9.18}$$

を起こす[13]。鉄原子核がヘリウム原子核に分解される反応は吸熱反応であるため，コアの温度が下がり，コアは重力崩壊を始める。また，ヘリウム原子核も

$$^4\text{He} \rightarrow 2p + 2n - 28.3\text{MeV} \tag{9.19}$$

と陽子と中性子に分解される。これも吸熱反応であるため重力崩壊を加速することになる。また，鉄原子核は電子を捕獲して，反応

$$^{56}\text{Fe} + e \rightarrow ^{56}\text{Mn} + \nu_e - 3.7\text{MeV} \tag{9.20}$$

を起こし，原子核内の陽子を中性子に変える。この反応は，吸熱反応であるのでコアの温度を下げるばかりか，電子を減らして電子縮退圧を下げる。これも重力崩壊をさらに進める。

重力崩壊が進むとコアは急激に小さくなるため，密度が急激に大きくなる。コアの密度が原子核の密度（2×10^{14} g/cm^3）を超えたあたりで重力崩壊が止まり，それが原因となって生じた衝撃波で外層の爆発，すなわち超新星が起こる。

超新星は，宇宙最大のイベントである。藤原定家（1162〜1241）の『明月記』に，1054年の超新星の記録があることはよく知られている。『明月記』は，定家が56年間（1180〜1235）にわたって執筆した準漢文体日記である[14]。この客星（超新星）は，23日間は昼間でも見え，22か月後に消えたとされている。この超新星の残骸が，おうし座のカニ星雲[15]である。

銀河系内での超新星は，1572年にティコ（Tycho Brahe，1546〜1601）がカニ星雲近くに発見（ティコの星）し，1604年にはケプラーが銀河系中心近くに発見している（ケプラーの星）。詳細に観測された超新星は，1987年2月23日に発見されたSN1987Aである。この超新星は，爆発前，地球から16万光年離れた大マゼラン雲にある恒星サンデリューク（Sk $-$ 69°202）という見かけの等級が12.4等，質量19 $M_\odot$の星であった。岐阜県神岡にあるカミオカンデがこの超新星からのニュートリノを捕らえ

---

13) eVは，電子ボルト（エレクトロンボルト）といい，電気素量eの電荷をもつ粒子が1Vの電位差をもつ2点間で加速される際に得られるエネルギーである。1 MeV = 10^6eV，1eV = 1.602×10^{-19} J = 1.160×10^4 Kである。

14) 定家は，この超新星のことを「客星」と記している。客星は，当時，彗星や，流れ星を意味していた。彼は客星に関心をもち，皇極天皇（在位642〜645）時代から記している。

15) カニ星雲と名をつけたのは，ロス卿（William Parsons（Lord Rosse），1800〜1867）である。ロス卿は，この星雲を彼の巨大望遠鏡で観測し，それをスケッチした。それが蟹に似ていることからそう呼んだ。カニ星雲は，7200光年離れた星雲で，メシエカタログ1番（M1）である。

図9.8　SN1987Aの光度曲線

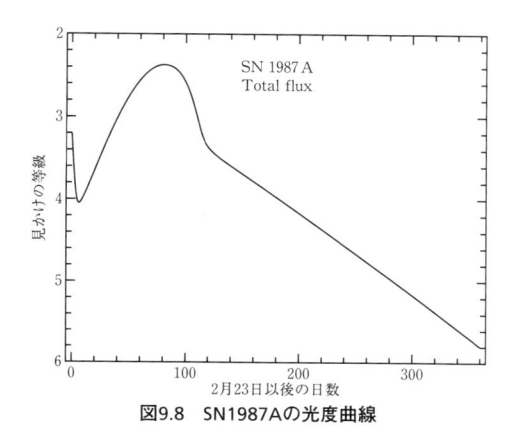

たことでも知られている．図 9.8 は，横軸を爆発後の日数，縦軸を見かけの等級とした SN1987A の光度曲線である．見かけの等級は 2.4 等まで明るくなっている．これから，地球から見て 1 万倍の明るさになったことがわかる．

中性子星は，超新星を起こした星のコアの残骸である．この存在は，チャドウィック (James Chadwick, 1891〜1974) が中性子を発見した 1932 年からたった 2 年しか経っていない 1934 年に予言された．予言者は，超新星の名付けの親でもあるバーデ (Walter Baade, 1893〜1960) とツヴィッキー (Fritz Zwicky, 1898〜1974) である[16]．

超新星を起こす直前のコアは，重力崩壊の状況にある．鉄原子核は，光分解反応でヘリウムへと分解するか，あるいは電子を捕獲して次々と中性子過剰核へと変わる．中性子過剰核内にある余分な中性子は，原子核外に出るようになる．密度が 2×10^{14} g/cm^3 を超えたあたりから原子核は溶解し，コアは主に中性子，陽子，電子から構成されるようになる．重力崩壊がさらに進みコアの密度が上がると，電子捕獲反応 $p + e^- \rightarrow n + \nu_e$ が起こり，陽子は中性子に変わる．これで，ほぼコアは中性子で満たされる

---

[16] ボーアの研究所に滞在していたランダウ (Lev D. Landau, 1908〜1968) は，中性子発見の報が届いた日の夕方のセミナーで，中性子からできている高密度星のアイディアを述べた．ランダウは，このアイディアを数年間寝かした後，論文「星のエネルギー起源」(1938年) をネイチャー誌に掲載した．

ようになる。中性子はフェルミ粒子[17]であるため縮退する。この中性子縮退圧が，超新星後に残った中性子星を支える。

中性子星は，その名のとおり，ほとんど中性子から構成され，それらによる中性子縮退圧が重力と平衡を保っている。典型的な中性子星は半径が $10 \sim 15$ km，質量は $0.2\,M_\odot \sim 2\,M_\odot$ ほどである。このため密度は約 3.4×10^{14} g/cm^3 と，原子核の密度（2.8×10^{14} g/cm^3）より高い。構造は，外殻，内殻，外核，内核の4層からなると考えられている。外殻（密度 1×10^6 g/cm^3 ほど）と内殻（密度 4×10^{11} g/cm^3 ほど）は，主に中性子過剰の重い原子核でできている。外核（密度 2×10^{14} g/cm^3 ほど）では原子核の中から中性子がもれでて，自由な中性子が超流動状態になっている。内核は密度が 10^{15} g/cm^3 ほどになっており，おそらくクォーク物質からなるのではないかと考えられている（がよくわかっていない）。

中性子縮退圧にも，電子縮退圧のように限界がある。しかし，電子と異なり，中性子は大きさをもった複合粒子であるため計算が難しい。このため，中性子星の限界質量は $3\,M_\odot$ 以下であると上限だけが示されている。

例題9.7 質量 $1\,M_\odot$，半径 10km の中性子星の平均密度はいくらか。

解
$$\frac{1\,M_\odot}{\frac{4}{3}\pi\left(\frac{10}{7\times 10^5}R_\odot\right)^3} = 3.43 \times 10^{14} \times 1.41 = 4.8 \times 10^{14}$$

より，4.8×10^{14} g/cm^3 となる。 ∎

中性子星は，パルサーとして発見された。1967年11月，ケンブリッジの電波天文学グループのベル゠バーネル（S.J.Bell-Burnell）とヒューイッシュ（A. Hewish）は，1.337秒の周期で規則正しくパルスを放射している電波源を発見した。この天体は，パルサーと名付けられたが，正体は謎であった。連続的であって，完璧なまでに規則性をもった信号であるため，地球外生命体からの信号だと考えられもした。この発見後，多くの天文家に興味をもたれ，次の年には，パルサーは次々と発見され，その正体が中性子星であることがわかった。規則的なパルスのくり返しは，図9.9に示したように，中性子星の自転軸と磁軸がずれていることによる[18]。この2つの軸がずれていることにより，自転に伴って磁場の配位が変化し

[17) フェルミオンともいう。電子，陽子，中性子など，フェルミ統計に従う粒子である。

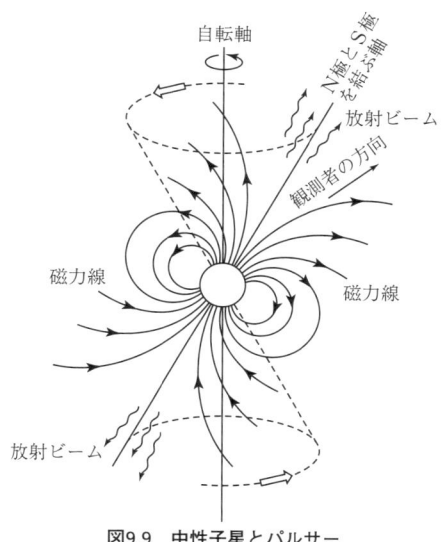

図9.9 中性子星とパルサー

て，電磁波が放射される．このみそすり運動のため，両磁軸からの放射ビームが観測者（地球）をよぎるたびにパルスが観測される．灯台が照らす光のように，電磁波を放出するため，灯台モデルという．

カニパルサーも1968年に発見された．カニ星雲は，1054年の超新星の残骸であることはわかっているので，パルサーは中性子星の自転が原因であるという説にとって都合がよい．その上，カニパルサーのパルス周期は33msとたいへん短い．これを白色矮星だとすると，遠心力によってバラバラにされてしまうのでありえず，中性子星が唯一の答えとなる．

例題9.8 太陽が質量を保ったまま，半径10kmに収縮したとしたら，その自転周期はいくらになるか．太陽の自転周期を27日，太陽半径を 7.0×10^5 km として計算せよ．

解 角運動量が保存されるので，

$$M_\odot R^2 \frac{2\pi}{P} = M_\odot r^2 \frac{2\pi}{\tau}$$

---

18) 中性子は電気的に中性であるが，磁気はある．中性子の磁気二重極モーメントは -1.91 である．

が成り立つ。ここで P は収縮前の周期，τ は収縮後の周期を示す。

$$\tau = \left(\frac{r}{R_\odot}\right)^2 P = \left(\frac{10}{7.0 \times 10^5}\right)^2 \times 27 \times 24 \times 3600 = 4.8 \times 10^{-4}\text{s}$$

となる（注：慣性モーメントを考慮していないため正確な値ではない）。■

例題9.9 問題 9.8 の場合，遠心力と重力との比はいくらか。ただし，太陽質量を 2.0×10^{30} kg として計算せよ。

解
$$\frac{遠心力}{重力} = \frac{r\left(\dfrac{2\pi}{\tau}\right)^2}{\dfrac{GM_\odot}{r^2}} = \frac{4\pi^2}{GM_\odot} \times \frac{r^3}{\tau^2} = 1.3$$

となる。太陽程度の星が巨星を経ずして中性子星になることはないが，もしそうだとしても，遠心力のためにすぐにバラバラになってしまう。■

9.7　ブラックホール

　白色矮星，フラッシュ，中性子星における中心密度と中心温度の関係を図示すると図 9.10 のようになる。図中の A は，質量が $3\,M_\odot$ 以下の主系列星の終末を示している。電子縮退圧が自己重力とつり合って，中心密度 10^7 g/cm^3 の白色矮星となる。B は，質量が $3\,M_\odot \sim 8\,M_\odot$ の主系列星の辿る道である。高温になってから電子縮退圧の領域に入るため，さらに温度が上がっても膨張しないので，核反応の暴走（フラッシュ）が起こって爆発状態となり，星は粉々に解体されてしまう。C が，質量が $8M_\odot \sim 30M_\odot$ の主系列星の場合である。これは電子縮退圧の領域をうまく避け，鉄の分解の領域に入るためフラッシュを起こさない。中性子縮退圧が自己重力とつり合って中心密度 10^{15} g/cm^3 の中性子星となる。D は，質量が $30\,M_\odot$ 以上の主系列星の場合である。中性子星と同じような道を辿るが，中性子星の限界質量（およそ $3\,M_\odot$）を超えているため，限りなき重力崩壊であるブラックホールに陥る。

　中性子星にも白色矮星同様に限界質量がある。この限界質量以上の大質量星の最期の研究は，オッペンハイマー[19]（Julius Robert Oppenheimer, 1904 ～ 1967）とスナイダー（Hartland Snyder）の論文「無限に続く重力収縮」（1939 年），それにヴォルコフ（George Volkoff）との論文「大質量

図9.10 星の最期ダイヤグラム

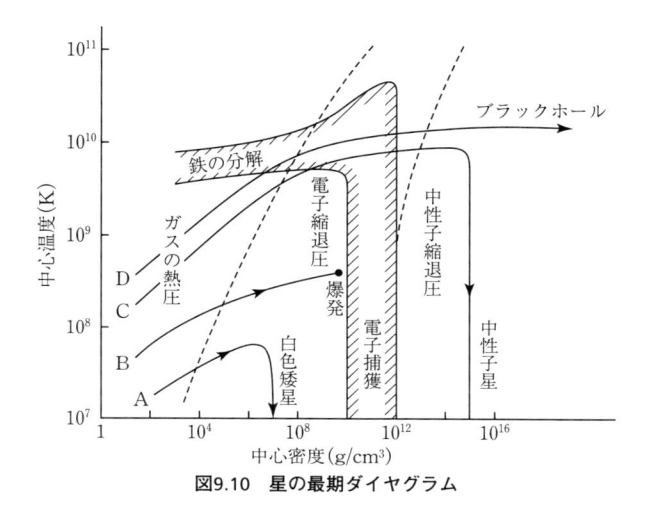

中性子コア」（1939年）によって始まった。重力崩壊とは分子雲や星の進化過程において，重力が内部圧や遠心力を凌駕し，自らを支えられなくなったときに辿るダイナミックな収縮過程である。その結果，生じる状態がブラックホールである。オッペンハイマーたちの挑戦は，中性子星には上限質量が存在することの証明であった。思想的には異なるが，オッペンハイマーの研究を継承したのはホイーラー（John Archibald Wheeler, 1911～2008）である。彼は，ブラックホールの名付け親でもある（1967年）。

天体の重力の強さを表現するために，脱出速度がよく用いられる。質量 m のロケットで地球を脱出することを考えてみる。ロケットは，重力エネルギーによって束縛されているのだから，それに打ち勝つ運動エネルギーで打ち上げなくてはならない。これは，地球の質量を M とすれば，

$$\frac{1}{2}mv^2 > \frac{GMm}{r} \tag{9.21}$$

と表現できる。これより

$$v > \sqrt{\frac{2GM}{r}} = \sqrt{2gr} = 1.12 \times 10^4 \, \text{m/s} \tag{9.22}$$

---

19) 原爆開発の短期大型プロジェクト・マンハッタン計画の中心的人物となったため，原爆の父として知られている。戦後，プリンストン高等研究所所長として物理学界に貢献した。

となる。この速度の下限を脱出速度という。地球の脱出速度は 11.2 km/s となる。

例題9.10 太陽表面からの脱出速度を求めよ。

解
$$v = \sqrt{\frac{2GM_\odot}{R_\odot}} = \sqrt{\frac{2 \times 6.67 \times 10^{-11} \times 1.99 \times 10^{30}}{6.96 \times 10^8}}$$
$$= 6.18 \times 10^5 \,\mathrm{m/s}$$

より，618 km/s となる。 ■

表9.3 脱出速度の大きさ

天体	脱出速度 (km/s)
月	2.38
地球	11.2
木星	59.5
太陽	618
白色矮星 ($1\,M_\odot$, $r=10^7$ m)	5.15×10^3
中性子星 ($1\,M_\odot$, $r=10^4$ m)	1.63×10^5

代表的な天体の脱出速度を表 9.3 に示した。これによると，中性子星の脱出速度は 16.3 万 km/s である。これは，物質の速度上限である光速度の 54% もある。中性子星の質量が $2\,M_\odot$ であるなら，脱出速度は 23.1 万 km/s となり，光速度の 77% となる。もし限界を超えた質量 $3.39\,M_\odot$ であるなら脱出速度は光速度に等しくなる。これは，半径 10km の球に質量が $3.39\,M_\odot$ の物質をつめ込むと，光すら出ることのできない領域があることを意味する。

質量を一定として，脱出速度が光速度 c となる球の半径 r は，
$$r = \frac{2GM}{c^2} \tag{9.23}$$

となる。これを重力半径，あるいはシュワルツシルト半径[20] といい，r_g で記す。r_g は，光でも脱出できない半径である。このため，半径 r_g の内側と外側では情報（事象）の伝達が原理的に不可能となる（情報の伝達には無限の時間がかかる）。すなわち，内側（外側）の世界は外側（内側）か

---

[20] シュワルツシルト (Karl Schwarzschild, 1873～1916) は，アインシュタイン方程式の厳密解を発見 (1916 年) した。

らまったく知ることのできない世界となる。このため r_g を事象の地平面（線）という。また，この事象の地平面内をブラックホールという[21]。事象の地平面からは光すら出てこないのだから，地平面は黒（ブラック），また，外から地平面内に向かう光や物質は自由に入るが，いったん入ったらそこから出てくることはできないので，時空に開いた穴（ホール）である。

　$M = 1M_\odot$ とするなら，$r_g = 2.95 \times 10^3$ m となる。このため，太陽物質すべて（質量 2×10^{30} kg）を半径約 3 km の球内に押し込めたら，事象の地平面が出現してブラックホールになる[22]。地球質量分なら，半径はたった 5 mm である。このような計算をするため，

$$r_g = 2.95 \times \left(\frac{M}{M_\odot}\right) \text{km} \tag{9.24}$$

とも記せる。

　物体がブラックホールになると，温度や化学的性質などの個性を失い，質量，電荷，それに角運動量という 3 つの属性のみとなる。ブラックホールである以上，質量はあるのだから，ブラックホールは 4 種類しかない。①電荷も角運動量もないシュワルツシルト・ブラックホール，②電荷はもたないが，角運動量をもっているカー・ブラックホール，③角運動量はゼロだが，電荷をもっているライスナー－ノルトシュトゥルム・ブラックホール，④電荷もあり，角運動量をもっているカー－ニューマン・ブラックホール，の 4 つである。

　星の誕生から考えて，自転していない星はないので，カー・ブラックホールが現実的であろう。このブラックホールには，事象の地平面の外側に静止限界という面がある。この面の内側にある物質は，ブラックホールの回転に引きずられて静止することができない。この面は事象の地平面と回転の極で接し，赤道面で最も離れている。事象の地平面と静止限界面（定常限界面）の間の領域をエルゴ球領域という。概念図を図 9.11 に示した。

---

[21] より厳密な定義では，光線的無限遠方の因果的過去から取り残された 4 次元時空内の領域をいう。

[22] 太陽の中心から半径 3 km 以内がブラックホールになっていると誤解してはいけない。太陽質量分の物質すべてを半径 r_g の球内に押し込んだら，ブラックホールになるという比喩である。

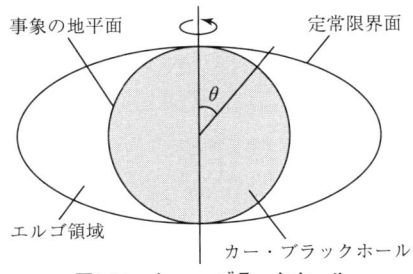

図9.11 カー・ブラックホール

また，事象の地平面内にある特異点は点ではなくリング状になっていることも特徴である。

　ブラックホールは直接観測することはできないが，伴星となっている星の物質を吸い込んでいるようすを測定することはできる。はくちょう座X-1はこのような観測において着目され，ブラックホール候補第1号となった。X線衛星や気球で観測され，超巨星HDE226868という9等星の伴星がブラックホールの候補となり，その質量は$6\,M_\odot$以上である（図9.12）。これは，中性子星の限界質量を超えているので，ブラックホールとされた。現在，銀河系内でも20個ほど候補がある。

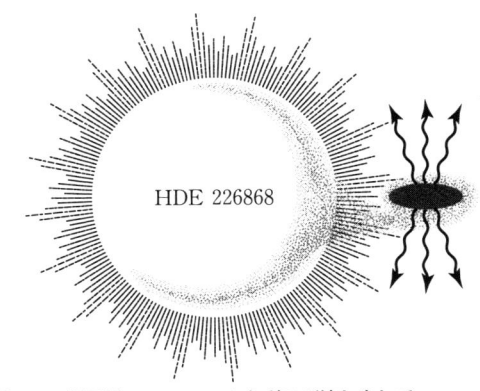

図9.12　超巨星HDE226868からガスが流れ出してブラックホールの周りに降着円盤を形成している。X線やγ線はこの降着円盤から放出される。

章末問題

9.1 表 9.1 を用いて，シリウス A とシリウス B の密度を求めよ．

9.2 シリウス A とシリウス B の公転周期は 51 年である．表 9.1 を用いて，軌道長半径を計算せよ．

9.3 球形の分子雲が自由落下する時間
$$t_\mathrm{f} = \sqrt{\frac{3\pi}{32G\rho}}$$
を導け．

9.4 自由落下時間が 10 ms で重力崩壊している星の密度はいくらか．

第 10 章

宇宙という文字は，中国・前漢の思想書『淮南子』（えなんじ）（BC150年頃）にある。そこでは，「宇」は四方上下，すなわち3次元空間全体，「宙」は往古来今，すなわち過去・現在・未来（時間全体）の意味で使われていた。宇宙の語源は，space-time なのである。

宇宙の物理

10.1　宇宙膨張

図 10.1 は，エドウィン・ハッブル（Edwin Powell Hubble, 1889 ～ 1953）[1] の論文「銀河系と系外星雲までの距離と後退速度の関係」（1929 年）に掲載された図である。この図は，宇宙物理学における最も重要な発見の 1 つである宇宙膨張を示している。

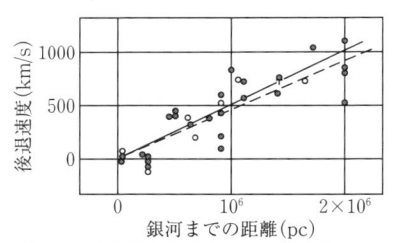

図10.1　宇宙膨張を示すハッブルが描いたグラフ

---

[1] ハッブルは，保険代理業を営む家で育った。8歳の誕生祝いに祖父から望遠鏡をもらってから天文に興味をもった。シカゴ大学を卒業後，奨学金を得て，オックスフォード大学で法律学を学び，高校教師と法律事務所非常勤勤務をしながら家族を支えた。法律にも，教師にも興味がもてず，1914 年に天文学を学ぶため大学院に入った。その年に開催された天文学会大会において，ほとんどの星雲が赤方偏移するというスライファーの講演を聴講し，刺激を受けた。ウィルソン山天文台長のヘール（G. Ellery Hale, 1868 ～ 1938）に師事して学位を得て，この天文台で職を得た。アメリカが第 1 次世界大戦に参戦（1917 年）にすると軍務につき，少佐として責務を果たした。終戦後，天文台に戻り，M31（アンドロメダ星雲）や M33 までの距離を推定し，これらが系外銀河であること（1926 年），また銀河の分類を発表するなど業績を上げた。46 個の銀河について距離と赤方偏移を測定し，宇宙膨張則を 1929 年に発表した。

ハッブルは46個の銀河までの距離と赤方偏移を測定したが，誤差が大きいと思われる22のデータを除き，横軸を距離，縦軸を赤方偏移としたグラフを作成した。赤方偏移とは，観測したスペクトルが，光源のスペクトルより波長が長い方にずれていることである。逆に，光源のスペクトルより短くなって観測されることを青方偏移という。銀河の赤方偏移や青方偏移は，ドップラー効果で起こる。

　ドップラー効果は，ウィーン大学に物理学教室を創設したクリスチャン・ドップラーが星の色を考察した論文（1842年）において提唱した波一般で起こる現象である。音に関しては，1845年，バロット（C.D.H. Buys Ballot, 1817〜1890）がユニークな実験によって検証した。絶対音感をもった観測者が駅のホームに立っている。そのホームを通過する高速列車の中でトランペット奏者に演奏をさせた。観測者には，列車がホームに向かってくるときは音が高く聞こえ，遠ざかっているときは低く聞こえた。列車の速度が速くなるとこの現象は顕著になった。

　少し状況を変えて，このことを定量的に考えてみる。図10.2のように，観測者P，音源S，観測者Qが直線上に位置し，PQの中間にSが静止しているとする。音速をVとし，t秒後に音がPとQに届いたとすれば，PS = SQ = Vtである。音源の振動数f_0とすれば，PS間とSQ間にある波の個数は$f_0 t$個である。波長をλとすれば，長さVtの中に$f_0 t$個の波が入っているので，波長λ_0は，

$$\lambda_0 = \frac{Vt}{f_0 t} = \frac{V}{f_0} \tag{10.1}$$

となる。

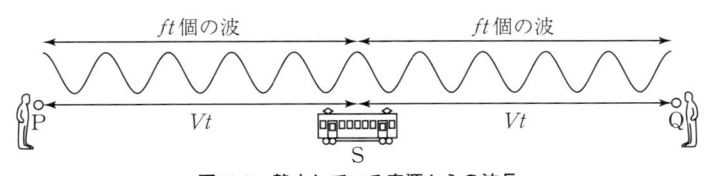

図10.2　静止している音源からの波長

　次に，図10.3のように，P，Qにいる観測者は静止したままで，音源Sが音を出しながら速さv（$v < V$）でQに近づいているとする。波$f_0 t$個

の長さが短くなるため，波長は，

$$\lambda_\mathrm{H} = \frac{Vt - vt}{f_0 t} = \frac{V - v}{f_0} \tag{10.2}$$

のように音源の前方で短くなる。Q にいる観測者には，この波長 λ_H の音が速さ V で伝わってくるように聞こえるため，振動数 f_H

$$f_\mathrm{H} = \frac{V}{\lambda_\mathrm{H}} = \frac{V}{V - v} f_0 \tag{10.3}$$

の音が聞こえる。また，P にいる観測者での波長 λ_L および振動数 f_L の導出は，Q の場合の v を $-v$ にすればよい。すなわち，次の式が示すように，波長は長くなり，振動数は小さくなる。

$$\lambda_\mathrm{L} = \frac{V + v}{f_0}, \quad f_\mathrm{L} = \frac{V}{V + v} f_0 \tag{10.4}$$

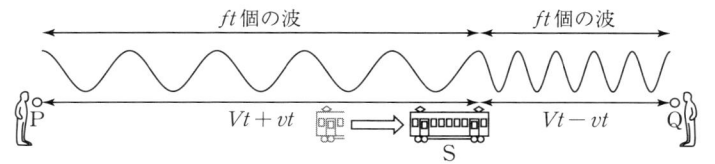

図10.3 音源が音を出しながら右に速度 v で運動している場合

例題10.1 音源が速度 v で，静止している観測者に近づくときと遠ざかるときとの波長の比はどうなるか。ただし，音速を V とし，$v < V$ であるとする。

解 近づいてくるときに観測される波長 λ_H を，遠ざかるときに観測される波長 λ_L で割ると，

$$\frac{\lambda_\mathrm{H}}{\lambda_\mathrm{L}} = \frac{V - v}{V + v} \tag{10.5}$$

となる。■

例題10.2 列車が 850 Hz の警笛を鳴らしながら時速 108 km で A 駅に近づいて来た。A 駅のホームに立っている人が観測する警笛の振動数はいくらか。また，この列車が A 駅を通り過ぎていったときに観測される振動数はいくらか。音速を 340 m/s として計算せよ。

解 108 km/h = 30 m/s なので，

$$f_H = \frac{V}{V-v}f_0 = \frac{340}{340-30} \times 850 = 932 \text{ Hz} \qquad (10.6)$$

と約 82 Hz 高く聞こえる。

また，遠ざかった場合は，

$$f_L = \frac{V}{V+v}f_0 = \frac{340}{340+30} \times 850 = 781 \text{ Hz} \qquad (10.7)$$

と約 69 Hz 低く聞こえる。　■

　光のドップラー効果は，光がどの観測者に対しても同じ速さで進むため，音のドップラー効果と同様に考えることはできない。しかしながら，静止している場合と運動している場合では時間の進み方が異なるため，光源が運動しているときでは，波長も振動数も静止しているときと違うため，光の場合も同様な現象が起こる。

　光源が速度 v で遠のいている場合，特殊相対性理論を用いて計算すると，

$$\lambda = \sqrt{\frac{c+v}{c-v}}\,\lambda_0 \qquad (10.8)$$

である（近づいている場合は，$v \to -v$ とする）。遠ざかっていく光源は波長の長い方にずれる（近づいている光源は波長の短い方にずれる）。すなわち，赤方偏移（青方偏移）する。

　$v \ll c$ （$\beta \equiv \dfrac{v}{c} \ll 1$）である場合，この式を考えてみる。これは，

$$\sqrt{\frac{c+v}{c-v}} = \sqrt{\frac{1+\beta}{1-\beta}} = (1+\beta)^{\frac{1}{2}}(1-\beta)^{-\frac{1}{2}}$$
$$\fallingdotseq \left(1+\frac{1}{2}\beta\right)\left(1+\frac{1}{2}\beta\right) = 1+\beta+\frac{1}{4}\beta^2 \fallingdotseq 1+\beta = 1+\frac{v}{c} \qquad (10.9)$$

と近似[2]することができる（$\beta \ll 1$）。これより，

$$\frac{\lambda}{\lambda_0} \fallingdotseq 1 + \frac{v}{c} \qquad (10.10)$$

が成り立ち，結果的に，音の場合と同じ式となった。赤方偏移を z とすれば，z は，

$$z = \frac{\lambda - \lambda_0}{\lambda_0} \qquad (10.11)$$

と表される。これより，

---

[2]　$x \ll 1$ のときに成り立つ近似式，$(1+x)^n \approx 1+nx$ を用いた。

$$z \fallingdotseq \frac{v}{c} \tag{10.12}$$

となるので，赤方偏移は後退速度 v に比例していることがわかる。

ほとんどの星雲が赤方偏移していることに最初に気づいたのは，ローウェル天文台のスライファー（Vesto M. Slipher, 1875 〜 1969）である。24 インチ屈折望遠鏡を用いて，1912 年にアンドロメダ星雲[3]が青方偏移していることを示して以来，1917 年までに 25 個の銀河のスペクトルを測定した。25 個のうち 4 個だけが青方偏移し，残り 21 個すべての銀河が赤方偏移していることを知った（赤方偏移と青方偏移のスペクトルを図 10.4 に示した）。彼は，この研究を続け，その後も 20 個の銀河のスペクトルを測定したが，これらはすべて赤方偏移していた。

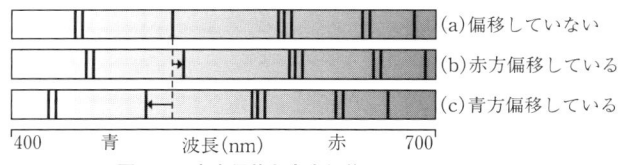

図10.4 赤方偏移と青方偏移のスペクトルの例

なぜ，ほとんどの銀河が赤方偏移しているのだろうか。ハッブルは，ウィルソン山天文台の 100 インチ反射望遠鏡を用いて，この問題に取り組んだ。助手のヒューメイソン（M.L. Humason, 1891 〜 1972）とともに得た結果が図 10.1 である。この図の縦軸は後退速度 v となっている。これは，赤方偏移 z はドップラー効果によるものとして，($v \approx cz$) で計算した値である。横軸は銀河までの距離 r である。図中に彼が引いた直線によると，r と v は比例している。その比例係数を H_0 とすれば，

$$v = H_0 r \tag{10.13}$$

と表せる。これをハッブルの法則という。この式の比例係数 H_0 はハッブル定数といい，

$$H_0 = (73 \pm 3) \text{km/s/Mpc} \tag{10.14}$$

である[4]。これは定数とはいうが，厳密な意味での定数ではなく，時間に

---

[3] ハッブルが，アンドロメダ星雲が銀河系外の天体で独立した銀河であることを示したのは，1924 年である。2018 年秋，ハッブルの法則はハッブル-ルメートルの法則と呼称が変わった。

依存した値である。右下の添え字0は，現在の値であることを示している。

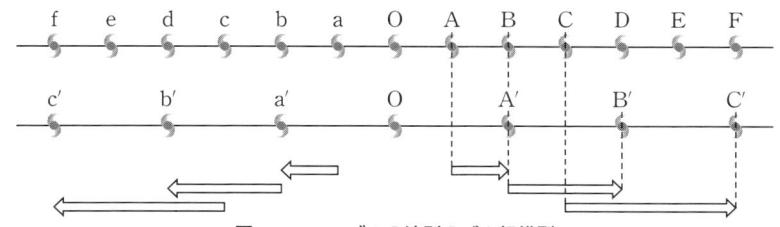

　このハッブルの法則は，近くの銀河ほど後退速度が小さく，遠方の銀河ほど後退速度が大きいことを示している。これは，どのようなことを語っているのだろうか。よく使われるゴム紐模型で考えてみる。図10.5上図のように，長い1本のゴム紐に等間隔に印（銀河マーク）を付ける。ほぼ真ん中にある印をOとし，右に順にA，B，C，…，と名を付ける。同様に，Oから左に順にa，b，c，…，と名を付ける。下図は，このゴム紐を2倍に伸ばした図である。印の位置の変化を見てみる。AはA′，BはB′，CはC′，…，に動く。AA′の長さを基準にするなら，BB′はその2倍，CC′はその3倍の大きさである。これは，Oからの距離rと遠ざかる距離は比例していることを意味している。この状況はOの左側においても，まったく同じである。Oを銀河系，矢印の長さ（元あった位置からの移動距離）を速度の大きさvと考えると，ハッブルの法則$v = H_0 r$が成り立つ。

図10.5　ハッブルの法則のゴム紐模型

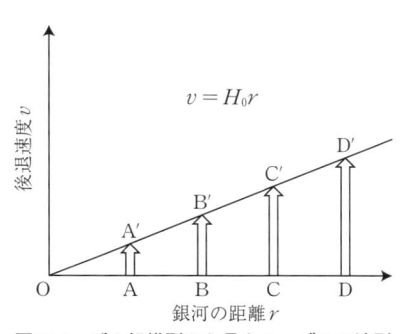

図10.6　ゴム紐模型から見たハッブルの法則

---

4)　73 km/s/Mpcは，1 Mpc離れた銀河どうしは秒速73 kmの速さで遠ざかっている，ことを示した単位である。なお，1 Mpcは，約3.09×10^{19} kmである。

図 10.6 のように，図 10.5 の矢印を O(座標原点) からの距離に対応させて横軸 r 上に置き，その矢印の先を結んだ直線が $v = H_0 r$ となる。これからも，ゴム紐模型がハッブルの法則を表現していることがわかる。

それに，ゴム紐模型での観測点とした O は，任意に選んだため，基本的にどこに選んでも状況は同じであることがわかる。これは，「ハッブルの法則は，どの銀河から観測しても成り立つ」ことを意味している。これは，何を意味しているのだろうか。ゴム紐模型での印 (銀河マーク) 自体が動いているのではなく，ゴムを伸ばしたことによる移動である。印が銀河に対応し，ゴム紐は宇宙空間に対応する。すなわち，ハッブルの法則での銀河の後退は，銀河自体の固有な運動ではなく，宇宙空間が膨張し，銀河はそれに乗っての移動である。図 10.7 は，2 次元とした模型である。3 次元での膨張は，公園のジャングルジムをイメージするとよい。ジャングルジムの繋ぎ目を銀河であるとし，それに繋がれる 6 本の棒を縦横高さすべての方向に引っ張ってみるとする。任意の繋ぎ目を選んで，そこから観測するとする。繋ぎ棒を 2 倍に伸ばすと，隣接する繋ぎ目は 2 つ分遠ざかり，5 つ離れた繋ぎ目は 10 個分遠ざかる。このように，どれか 1 つの繋ぎ目 (銀河) に着目すると，他のすべての繋ぎ目がその着目した繋ぎ目からの距離に比例して遠ざかることがわかる。ハッブルの法則は，空間の膨張を示している。これを宇宙膨張という。

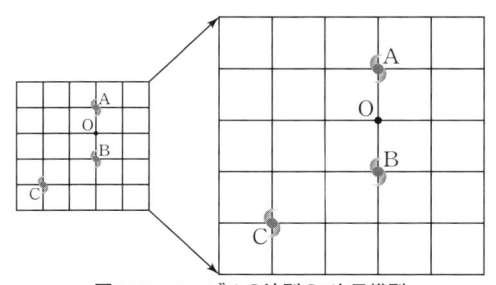

図10.7 ハッブルの法則の2次元模型

例題10.3 ハッブル定数の逆数 $1/H_0$ は，時間の次元をもっている。これはいくらか。

解 $H_0 = (73 \pm 3)\,\mathrm{km/s/Mpc}$ である。

1 Mpc = 3.09×10^{13} km $\times 10^6 = 3.09 \times 10^{19}$ km なので，

$$\frac{1}{H_0} = \frac{3.09 \times 10^{19}\,\text{km}}{76\,\text{km/s}} = 4.07 \times 10^{17}\,\text{s} = \frac{4.07 \times 10^{17}\,\text{s}}{3.16 \times 10^7\,\text{s/年}} = 129\,\text{億年} \tag{10.15}$$

$$\frac{1}{H_0} = \frac{3.09 \times 10^{19}\,\text{km}}{70\,\text{km/s}} = 140\,\text{億年} \tag{10.16}$$

これらより，129 億年〜140 億年，あるいは (135 ± 6) 億年である。これは，すべての銀河が 1 点に集まっている時間を示すので，宇宙年齢のおおよその値を示す[5]。ハッブルの測定値を示した図 10.1 の直線の傾きからは，$H_0 = 558$ km/s/Mpc となる。この値でおおよその宇宙年齢を計算すると 17.5 億年となる。この値は，当時での地球年齢である 38 億年以上より小さかったため宇宙膨張説の信頼が揺らいだ。しかし，これは距離の見積もりに誤り[6]があったことがあり，宇宙膨張は確実なものとなった。

現在，宇宙年齢は，宇宙背景放射の温度ゆらぎの観測に基づいて，(137 ± 2) 億年と見積もられている。 ■

10.2　元素合成

現在の宇宙を構成する元素は，水素を 1 万個とすると，ヘリウム 1000 個，酸素 2 個，炭素 1 個の割合であり，その他の元素は合計しても炭素より少ない数しかない。図 10.8 は，太陽大気，隕石，原子炉での測定データなどを総合して得た元素組成比である。この図からも，水素とヘリウムが 99% 以上を占めていることがわかる。

太陽は 1 秒間に約 6 億トンの水素原子核（陽子）を融合反応させてヘリウム原子核（α 粒子）を生産しており，太陽より重い星はより重い元素をつくり，超新星では一瞬のうちにウランに至るまでの元素を合成している。

---

[5]　$t = \frac{2}{3H_0}$ をハッブル時間という。

[6]　セファイド型変光星には 2 つのタイプがある。ハッブルは，異なるタイプのものを比較して距離を測定していたため，距離を小さく見積もっていた。このことに気づき，観測により示した (1952 年) のは，バーデである。彼のセファイド型変光星の研究により，宇宙年齢は 2 倍になった。

第10章 宇宙の物理

では，それらの燃料である水素はどこで，どのようにつくられたのであろうか。それに，ヘリウムも他の元素（水素以外）に比べるとはるかに多い，これはなぜだろうか。ガモフ（George Gamov, 1904〜1968）は，このような疑問をもち，宇宙がその初期に元素を合成したと1946年に提唱した。元素合成とは，端的に表現すれば，原子核をつくることである[7]。

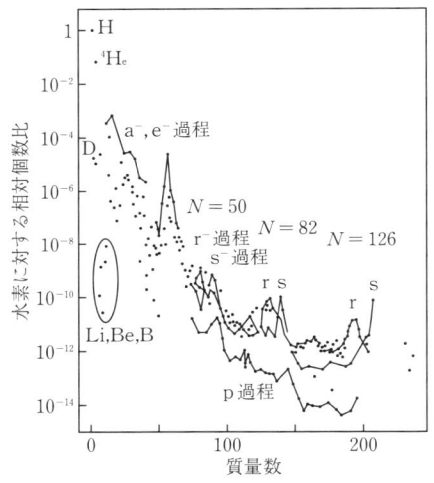

図10.8 元素存在比（水素を1とした）

ガモフは，『不思議の国のトムキンス』など多くの科学啓蒙書の著者，α崩壊をトンネル効果[8]で説明した（1928年）ことでも知られている。ガモフは，1904年，ロシア（現，ウクライナ）のオデッサに生まれ，地元にあるノヴォロシア大学に入学したが物理学の講義がなかったことを理由に，レニングラード大学に移って学んだ。レニングラード大学には，一般相対性理論に基づく宇宙モデルを提唱（1922年）したフリードマン（A.A. Friedmann, 1888〜1925）がいた[9]。彼の宇宙論講義に魅了され，宇宙

---

[7] 2つの説が考えられた。1つは，宇宙開闢時にあった1個の大質量原初物質が分裂して現在のような原子になったという説である。もう一方は，開闢時の原初物質は非常に小さく，それが結合して原子となったという説である。ガモフは，前者では水素原子が圧倒的に多い元素組成が説明できないと考え，後者の立場をとった。

[8] エネルギーの低い粒子でも，ポテンシャル障壁を突き抜けることが可能であることの量子力学的説明。

論研究者を目指したが，フリードマンが肺炎で急逝したこともあって，ガモフは原子核物理の分野に進んだ。ボーアに師事し，先端で活躍する研究者たちとつながりをもてた。1932年にソビエト脱出を試みたが失敗した。1933年のソルベイ会議[10]に出席し，そのままアメリカに渡り，ジョージ・ワシントン大学教授となった。星の構造と進化の研究をはじめ，太陽には大量のヘリウムがあることを知り，それがすべて太陽内部でつくられたものではないことに気づいた。それは，現在の値から考えると次のようである。

太陽質量の25%がヘリウムであるので，太陽内にはヘリウムは4.98×10^{29} kg($= 0.25 \times 1.99 \times 10^{30}$ kg) 存在する。また，太陽内では1秒間に6.00×10^{11} kg の割合でヘリウムをつくっている。このことから，水素しかない状態からこれだけのヘリウムをつくり出すのに，8.30×10^{17} 秒($= 4.98 \times 10^{29}$ kg$/6.00 \times 10^{11}$ kg/s$) = 2.63 \times 10^{10}$ 年($= 8.30 \times 10^{17}$ 秒$/3.16 \times 10^{7}$ s$) = 263$ 億年かかることになる。これは，太陽年齢46億年よりはるかに長い時間であるので，太陽内のヘリウムはすべて太陽中心部でつくられたのではなく，太陽形成時にはヘリウムが多く含まれていたことになる。星の内部だけでは，これだけ大量のヘリウムを生成することはできない。

ガモフは，水素同様，ヘリウムも，宇宙には誕生があってその時期につくられなくてはならないと考えた。初期宇宙は，膨張宇宙から類推すれば，過去に戻るほど銀河間は狭まり，密度は高くなる。高密になると，気体を断熱圧縮[11]すると温度が上昇すると同じように高温となる。宇宙は，過去に戻れば戻るほど，高密で高温な状態にあったことになる。それに，高温・高密は核融合反応を起こるに必須の条件でもある。ガモフは，この火

---

9) アインシュタイン方程式のフリードマン解は宇宙の物質密度ρと臨界密度ρ_cの大きさの比較により，3つに分類される。$\rho > \rho_c$なら閉じた宇宙，$\rho = \rho_c$なら平坦な宇宙，$\rho < \rho_c$なら開いた宇宙となる。

10) ベルギーの企業家・工業科学者であるソルベイ（Ernest Solvey, 1838〜1922）によって，開催された国際会議。第1回は，1911年に「放射理論と量子」をテーマにブリュッセルで開催された。

11) 物体と外部との間に熱の出入りがないようにして状態を変化させることを断熱変化という。宇宙は外界とはやり取りがないので，膨張も，収縮も，断熱変化である。

の玉宇宙の着想を 1940 年代の初めに得て，研究を開始した[12]。彼は，初期宇宙では極めて高温・高密状態であるため，物質は最も基本的な粒子である陽子，中性子，電子に分解されていた[13]と考えた。ガモフは，陽子，中性子，電子からなる高温・高密状態にある宇宙が膨張しながら進化するといったシナリオをつくったが，それを計算によって示すことに苦労していた。この計算を実行したのは，博士課程の学生アルファー（Ralph A. Alpher, 1921 ～ 2007）であった。アルファーは，3 年間の格闘の末，水素とヘリウムの存在比を説明することができた。この研究をガモフは，ベーテ（Hans A. Bethe, 1906 ～ 2005）を共著者に加えて論文[14]とした。

その後，アルファーは，ハーマン（Robert Herman, 1914 ～ 1997）との共同研究により，温度が 3000 K まで下がると原子核と電子の結合である宇宙の晴れ上がり[15]が起こること，この時期の光の名残りである宇宙背景放射の存在とその温度が 5K であることを予言した論文（1949 年）を発表した。ガモフは，水素やヘリウムの存在量から現在の宇宙背景放射の温度は 7 K であると推定した（1953 年）。

10.3　論争

宇宙が誕生したとすると，その前は何だったのか，何が原因で誕生したのか，多くの疑問が生じる。宇宙膨張を，単純に受け入れれば，過去の宇宙は現在の宇宙より小さい，どんどん過去に遡ればいつか宇宙は点のようになってしまう。この宇宙モデルには，このような特異な時間と空間を考

---

12) 連合国の物理学研究者のほとんどが，原爆開発を目的としたマンハッタン計画に駆り出されていった。ガモフは，ソビエト生まれであったため，この計画への招集はなかった。

13) 中間子は，これらに入れていなかった。湯川秀樹（1907 ～ 1981）の中間子論の論文が論文誌に掲載されたのが 1935 年 2 月であり，パウエル（C.F. Powell, 1903 ～ 1969）が中間子の飛跡を捕らえたのが 1947 年である。

14) ベーテは，物性論，放射線，高エネルギー物理，核融合など多くの分野において活躍しており，すでに著名であった。ガモフは，共著者を $\alpha\beta\gamma$ とするため，まったく関係のないベーテに加わってもらった。ガモフのいたずらは，学位取得前のアルファーにとって迷惑な行為だが，この論文は $\alpha\beta\gamma$ 論文として知られるようになった。

15) 原子核と電子が結合せずバラバラのままでいると，光はこれらに捕らえられてしまう。原子核と電子が結合すると光は自由になるので，遠くの宇宙が見わたせるようになる。

えなくてはならない不自然さが付きまとう。

ケンブリッジのホイル (Fred Hoyle, 1915 〜 2001)[16]，ボンディ (H. Bondi, 1919 〜 2005)，ゴールド (T. Gold, 1920 〜 2004) は，1948 年，宇宙膨張と矛盾しない永遠不変の無限宇宙モデルである定常宇宙論を提唱した。どこかで星や銀河の消滅があっても，別のどこかで星は誕生し，銀河も形成される。たえず変化するが，大局的には変わらない。定常宇宙論は，まさにそのような理論である。

定常宇宙論は，無限宇宙を仮定しているため，過去に戻っても宇宙，すなわち時空の誕生という奇妙なことはない。ただ，無限であっても膨張しているので密度は薄まる。しかし，物質生成といっても微量である。ホイルは，この物質生成は奇妙だが，時空の誕生を考えなければならないモデルほど奇妙ではないと主張した。

面白いことに，ガモフたちの火の玉宇宙論（あるいは進化宇宙論）をビッグバン理論と名付けたのは，ホイルである。ホイルは，自分たちの提唱している定常宇宙論と比較して火の玉宇宙論を論じたとき，軽蔑を込めて，「乱暴」，「狂喜」，「大風呂敷」などの意味で，ビッグバンを使ったのだろう。

2 つの宇宙モデルを 1950 年代の時点で評価してみると表 10.1 のようになる。

表 10.1　宇宙モデルの比較

	ビッグバン理論	定常宇宙論
膨張宇宙	過去に向かえば収縮となるので，自然に説明できる。	膨張を続けながら物質生成が行われ，物質密度が一定に保たれ，大局的に見て宇宙の姿は不変である。
宇宙年齢	ハッブルの測定値から 18 億歳とされたが，バーデにより修正された。	宇宙は大局的に見て不変なので，年齢を考える必要はない。
元素の存在比	H と He の存在比は説明できたが，それ以外の元素の存在比の説明はできていない。	元素の存在比は説明していない。定常を保つため，微量だが物質生成の場を仮定しているが，その物理的説明がない。

---

16)　ホイルは作家でもあり，SF 小説『暗黒星雲』や科学啓蒙書『宇宙の本質』などがある。

宇宙誕生	ある時間に宇宙が生まれたことを説明しなくてはならない。	永続宇宙であるため，宇宙の誕生はない。
背景放射	高温・高密状態から始まったとしているため背景放射の存在は必須。現在の温度は5Kないし7Kである。	存在する必要はない。

例題10.4 定常宇宙論に必要な物質生成量はどれくらいか。ハッブル定数を $H_0 = 73 \, \text{km/s/Mpc}$ として計算しなさい。

解 1辺が L の立方体 (質量 M) が，各辺が $v\Delta t$ 膨張したとする。膨張前の密度 ρ_0 は，

$$\rho_0 = \frac{M}{L^3} \tag{10.17}$$

であり，膨張後の密度 ρ は

$$\rho = \frac{M}{(L+v\Delta t)^3} = \frac{M}{L^3\left(1+\frac{v\Delta t}{L}\right)^3} \simeq \rho_0\left(1 - 3\frac{v\Delta t}{L}\right) \tag{10.18}$$

となる。これより膨張で減少した密度は，

$$\Delta\rho = \rho_0 - \rho = 3\rho_0 \frac{v\Delta t}{L} = 3\rho_0 H_0 \Delta t \tag{10.19}$$

となる。これに，$\rho_0 = 1.08 \times 10^{-26} \, \text{kg/m}^3$ (臨界密度)，$\Delta t = 100$ 年 $= 3.16 \times 10^9$ s を代入すると，$\Delta\rho = 2.42 \times 10^{-34} \, \text{kg/m}^3$ となる。これを陽子の質量 1.67×10^{-27} kg で割ると，$1.45 \times 10^{-7} \, \text{m}^{-3}$ となる。これは，$6.9 \times 10^6 \, \text{m}^3$ 中に1世紀に陽子1個ほどの密度減少となる。これは，定常宇宙論における物質生成量に等しい。東京ドームの体積は $1.24 \times 10^6 \, \text{m}^3$ なので，東京ドーム 5.6 杯分の体積中に，1世紀あたり陽子1個の物質生成量となる。これは，ホイルが「定常宇宙論に必要な物質生成速度は，エンパイアステートビルの容積に1世紀中に原子がたった1個ほどしかない」と言ったことにほぼ等しい。■

10.4　宇宙背景放射の発見

　何かを探しているとき，別の何かを見つけてしまうことがある。物理の世界においても，講義での演示実験中に電流による磁気の発生を発見したエルステッド（H.C. Oersted, 1777～1851），陰極線の研究をしているときにX線を発見したレントゲン（W.C. Röntgen, 1845～1923），電波星探査の最中にパルサーを発見したベル＝バーネルなど枚挙に遑が無い。このような能力をセレンディピティー[17]という。セレンディピティーが訪れることが科学の特徴でもある（応用科学においては，PDCAサイクル[18]で遂行するためセレンディピティーが訪れても気づかない）。

　ペンジャス（Arno A. Penzias, 1933～）とウィルソン（Robert W. Wilson, 1936～）は，若手研究者としてベル研究所に勤務していた。ベル研究所には，1960年に打ち上げられたエコー衛星による通信用に製作された角型アンテナ[19]があった。エコー衛星からの受信業務から撤退したため，このアンテナを電波望遠鏡として改造できることになった。ペンジャスとウィルソンは，この電波望遠鏡を用いて銀河面から離れたところからの電波を観測することを計画し，それが認められた。水素が出す波長21cmの電波観測の準備のために，波長7cmの電波測定をしたところ，思いのほか，雑音[20]が多かった。

　2人はこの雑音に拘った。近くにある電子機器，ニューヨークなどの大きな街，日や時刻による変化など，アンテナ以外の原因からなる雑音を克明に調べたが，変化は見られなかった。次に，アンテナとその周辺機器を調べた。周辺機器には何の異常もなかったが，角型アンテナの中に鳩が巣

---

17) ペルシャのおとぎ話『セレンディプの3人の王子』からつくられた言葉である。セレンディプは，スリランカの旧名。
18) Plan（計画）-Do（実行）-Check（点検）-Act（改善）のサイクルで業務を遂行すること。
19) 米国ニュージャージー州クロフォードヒルに設置されている。開口部は正方形になっていて1辺が6mある。この開口部の方向以外から来る電波をよくさえぎるよう設計されている。
20) 昔は，音のみに使っていた言葉であった。現在では，受信すべき信号の妨げとなる電気機器に起因する電気ノイズ，自然発生的あるいは人為的な原因により電波として受信される電波ノイズなどの総称として使われている。

をつくっていたことに気づいた．糞も含めて除去した．そうして，1年間を要して，詳細に調べ上げて，雑音のレベルを下げることができた．しかし，残りの雑音に，1日中，どの方向を向けても消えない電波雑音があった．2人の頭には，この電波雑音が常にあった．

ペンジャスが，モントリオールで開催された天文学会大会に参加したとき，研究仲間に，この雑音のことを話した．2か月後，電話にて，その研究者は，ディッケ（R.H. Dicke, 1916～1997）とピーブルス（P.J.E. Peebles, 1935～）のプレプリント[21]を受け取ったこと，それとその論文に問題としている電波雑音がビッグバン理論に関わっていることを教えてくれた．ペンジャスも，ウィルソンも，研究仲間から，大発見をしたと告げられたが，この電波雑音が何の発見なのかまったく理解できなかった．ペンジャスは，ディッケと電波雑音のことを話し，それがどのような物理なのかを尋ねた．そして，双方が論文を執筆し，同じ論文誌に同時に投稿することを約束した．ディッケたちの論文は「宇宙黒体放射」[22]であるが，ペンジャスとウィルソンの論文は「4080 Mc/s 過剰アンテナ温度の測定」[23]という宇宙論とは無関係なタイトルであったが，これらは1965年5月号に連続で掲載された．

宇宙の温度が4000 Kまで下がると，それまでばらばらに運動していた陽子と電子が結びついて原子となって，宇宙は透明になる．宇宙の晴れ上がりである．それまで物質と放射の相互作用を担っていた自由電子が陽子と結合することで急激に減るため，黒体であった宇宙は，黒体ではなくなる．宇宙背景放射は，この宇宙が黒体放射であったことの残光である．

ペンジャスとウィルソンは，3.5 Kの宇宙背景放射を発見した．これは，同時に定常宇宙論の否定につながり，ビッグバン宇宙論の勝利となった．ペンジャスとウィルソンは，「3 K宇宙黒体放射の発見」で1978年度ノーベル物理学賞を受賞した．彼らは，"This is the way the world began.

---

21) 論文の草稿
22) R.H. Dicke, P.J.E. Peebles, P.G. Roll, and D.T. Wilkinson, "Cosmic Black-Body Radiation", *Astrophysical Journal*, **142**(1965) 414-419.
23) A.A. Penzias and R.W. Wilson, "Measurement of Excess Antenna Temperature at 4080 Mc/s", *Astrophysical Journal*, **142**(1965) 419-421.

Not with a whimper, but with a BANG!"[24] をTシャツに書き，セレンディピティーの訪問を喜んだ。

発見から受賞まで13年あったが，この間，多くのところで観測がされ，精度も上がった．さらに，1989年に打ち上げられた宇宙背景放射探査衛星コービー（COBE）は，全波長領域で(2.725 ± 0.002)Kの黒体放射の分布に精度よく一致することを示した（図10.9）．コービーは，銀河形成の種となる微小な密度ゆらぎも発見し，ビッグバン理論が正しいとする証拠を追加した．

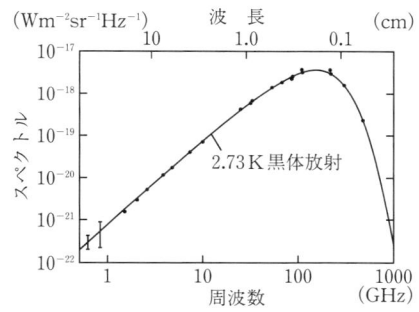

図10.9 コービーが測定した宇宙背景放射
これほど，理論と合った観測は稀である．

章末問題

10.1 次の文の空欄を埋めて完成させなさい．

1929年に米・カリフォルニア州ウィルソン山天文台の［ ① ］は，遠方の銀河の発する光のスペクトル線がどれも波長の［ ② ］い方にずれており，その［ ③ ］偏移の大きさは銀河までの［ ④ ］に［ ⑤ ］していることを発見した．［ ① ］は，この偏移を光源である銀河が銀河系から遠ざかっているため，すなわち［ ⑥ ］効果によるものだと考えた．これより銀河の［ ⑦ ］は，銀河系からその銀河までの［ ④ ］に［ ⑤ ］することになる．これを

---

24) これはエリオットの詩「うつろな男たち」にある "This is the way the world ends. Not with a bang, but with a whimper" という句をもじったものである．

[⑧] という。

10.2 光のドップラー効果の式
$$\lambda = \sqrt{\frac{c+v}{c-v}}\,\lambda_0$$
を導け。

10.3 次の文の空欄を埋めて完成させなさい。

1964年の末，米国ベル電話研究所の[①]とウィルソンは，宇宙を一様に満たし，温度が絶対温度で[②]Kの黒体放射スペクトルである[③]放射を発見した。この放射は，宇宙の過去が黒体となるほど[④]状態であったことに起因している。[⑤]は，1946年頃より，宇宙初期での元素起源論を提唱していた。このように宇宙は高温状態かつ[④]状態で開闢したという[⑥]理論は，必然的に[③]放射の存在を導く。

章末問題解答

第 1 章

1.1 1 寸は 1/10 尺で,1/33 m である。3 寸は約 0.091 m (= 9.1 cm) である。また,5 尺は約 1.5 m である。

1.2 1 フィート = 30.480 cm。90 フィート = 27.432 m。$27.432 \times 27.432 ≒ 752.5$ m²。

1.3 8 畳 = 4 坪 = $4 \times 3.31 = 13.24$ m²

1.4 1 cal = 4.186 J なので,165 kcal = 690.69×10^3 J である。よって,約 6.9×10^5 J (= 690 kJ) となる。

1.5 $0.0017/100 \times 1000 = 0.017$ 秒なので,1000 年前の 1 日より現在の 1 日の方が 0.017 秒長い。これにより,1000 年間の平均的 1 日は $(0 + 0.017)/2 = 0.005$ 秒となる。すなわち,1000 年前の 1 日より平均 1 日は,0.0085 秒だけ長い。このため累積時間は,$0.0085 \times 365.25 \times 1000 = 3105$ 秒 = 51.75 分となる。

1.6 $1\,g = 10^{-3}$ kg,$1\,cm = 10^{-2}$ m なので,
$1\,g/cm^3 = 10^{-3}\,kg/(10^{-2}\,m)^3 = 10^{-3}/10^{-6}\,kg/m^3 = 10^3\,kg/m^3$

第 2 章

2.1 (1) 3215 は,3214.5 ~ 3215.4 を意味する数である。このため,7.342 の小数第 2 位以下は意味をなさなくなる。答えは,3221.8 ~ 3222.7 となるので,3222 となる。

(2) 2 つの数の最後の桁の数は不確かさがある。最も大きな値となる掛け算は $47.784 \times 3.9654 = 189.4826736$,最も小さな値となる掛け算は,$47.775 \times 3.9645 = 189.4039875$ となる。このため,有効数字を考慮すると,189.4 となる。

章末問題　解答

(3) 不確かさを考慮すると、最も大きな値となるのは、$4.7114 \div 61.065 = 0.077153852$、最も小さな値となるのは、$4.7105 \div 61.074 = 0.077127746$ となる。これより、0.0771 となる。

2.2 周長 2.1×10^7 m、表面積 1.5×10^{14} m^2、体積 1.6×10^{20} m^3。

2.3 346.5 m/s, 342.5 m/s, 338.8 m/s, 341.9 m/s, 339.4 m/s。
まず、作業表をつくる。

k	x_k	x_k^2
1	346.5	120062.25
2	342.5	117306.25
3	338.8	114785.44
4	341.9	116895.61
5	339.4	115192.36
	1709.1	584241.91

平均値　　　　　　　$\bar{x} = 1709.1/5 = 341.82$
標本分散　　　　　　$s^2 = (584241.91 - 5 \times 341.82^2)/4$
　　　　　　　　　　　　$= 9.337$
標本標準偏差　　　　$s = 3.0557$
測定の不確かさ　　　$\Delta x = \dfrac{s}{\sqrt{5}} = 1.37$

これより最終的な測定値は、$(3.42 \pm 0.01) \times 10^2$ m/s となる。

2.4 無次元の比例係数を α として、$r_g = \alpha G^x M^y c^z$ と書く。次元式は、
$$[\mathrm{L}] = [(\mathrm{M}^{-1}\mathrm{L}^3\mathrm{T}^{-2})^x \times \mathrm{M}^y \times (\mathrm{LT}^{-1})^z] = [\mathrm{M}^{-x+y}\mathrm{L}^{3x+z}\mathrm{T}^{-2x-z}]$$
となる。これより、
$$-x + y = 0,\quad 3x + z = 1,\quad -2x - z = 0$$
なので、
$$x = y = 1,\ z = -2$$
となる。すなわち、$r_g = \alpha GM/c^2$ である (この場合、$\alpha = 2$)。

第 3 章

3.1 1つの分子が占める体積は
$$\frac{2.24 \times 10^{-2}}{6.02 \times 10^{23}} = 3.72 \times 10^{-26}\ \mathrm{m}^3$$
となる。これを立方体と考えれば、その1辺は 3.34×10^{-9} m となる。

3.2 板の質量は 10 g、$10 \times 4 + 5 \times 2 = 10 \times 1 + x \times 2$ より、x は 20 g となる。

3.3 皿に何ものせないとき、おもりのつり合いの位置は $100 \times 20 = 60 \times 30 + 200 \times x$ より、さげおから右1 cmの位置である。
(a) 皿に10 gの物体をのせると、左向き (反時計回り) の力のモーメントは 200 ($= 10 \times 20$) だけ増える。このため、おもりを右に 1 cm ($= 200/200$) 移動した位置でつり合う。すなわち、目盛りは 1 cm 間隔となる。

(b) $y \times 20 = 200 \times (61 - 1)$ より 600 g。
(c) $(100 + z) \times 20 = 200 \times (100 - 20) + 60 \times 30$ より 790 g。

3.4 表 3.1 と表 3.2 を用いて計算すると
$$\rho_s = \frac{1.989 \times 10^{33} \text{ g}}{\frac{4}{3}\pi (6.96 \times 10^{10})^3 \text{ cm}^3} = 1.41 \text{ g/cm}^3$$
となる。

3.5 1879 年 3 月 14 日は，$2357 - 7 \times 336 = 5$ なので金曜日である。1907 年 1 月 23 日は，1906 年 13 月 23 日として計算して，$2425 - 7 \times 346 = 3$ なので水曜日である。

第 4 章

4.1 静止衛星は赤道上空を，地球の自転の角速度と同じ角速度で公転している。静止衛星の質量を m，軌道を円で近似すると，
$$m \times (R + h) \times \left(\frac{2\pi}{T}\right)^2 = G\frac{Mm}{(R + h)^2}$$
となる。これより，
$$h = \left(\frac{GM}{4\pi^2}T^2\right)^{\frac{1}{3}} - R = 42.24 \times 10^6 - 6.34 \times 10^6 = 3.59 \times 10^7 \text{ m}$$
となる。静止衛星の高度は約 35900 km，これは地球半径の約 5.7 倍の距離である。

4.2 1 気圧 = 1 atm = 760 mmHg である。トリチェリの実験を思い出そう。一端を閉じたガラス管に水銀を満たし，水銀容器に逆さまに立てると，1 気圧では，水銀柱の高さ 76 cm となる。水銀の密度 13.6 g/cm^3 = 1.36×10^4 kg/m^3 から，単位面積あたりの質量 $0.760 \times 1.36 \times 10^4$ kg/m^2 が求められ，これより圧力は，$9.80 \times 0.760 \times 1.36 \times 10^4$ Pa = 1.013×10^5 Pa である。これを使って，
$$R = \frac{pV}{T} = \frac{1.013 \times 10^5 \text{ Pa} \times 2.24 \times 10^{-2} \text{ m}^3}{273 \text{ K}} = 8.31 \text{ J/(mol·K)}$$
となる。

4.3 $k_B = \frac{R}{N_A} = \frac{8.31}{6.02 \times 10^{23}} = 1.38 \times 10^{-23}$ J/K

第 5 章

5.1 ③が正しい。水はまったくといっていいほど入らない。空気は目には見えないが，確かに存在するのである。

5.2 ある高さの気圧は，その高さより上にある気圧により定まる。図 5a のように，水平面に正方形（面積を S とする）を描き，それを底面にした鉛直な空気の柱（気柱）を考える。高さが h_1 のところの気圧を p_1，高さが h_2 のところの気圧を p_2 とする。気圧差 $\Delta p = p_1 - p_2$ は，h_1 と h_2 に挟まれた直方体の領域の重さに比例する。高さ

章末問題　解答

の差を $\Delta h (= h_2 - h_1)$ とすれば，この直方体の体積は $S\Delta h$ となる。この中の空気の密度を ρ とすれば，質量は $\rho S\Delta h$ となり，直方体に含まれる空気の重さは $\rho S\Delta h g$ である（ただし，g は重力加速度である）。これらより，運動方程式は，$\Delta p S = \rho S \Delta h g$ となるので，$\Delta p = \rho g \Delta h$ が成り立つ。空気の密度 ρ は，高度が上がるほど小さくなるので，通常，h_1 での密度と h_2 での密度の平均値を用いる。Δh が小さい場合は，ρ の変化は無視できる。大気が激しい上下運動を起こしていない場合は，この式は一般に成り立つ。この式が成り立つ状態を静力学平衡にあるという。静力学平衡の対象は気体だけではなく，液体にも適用できる。

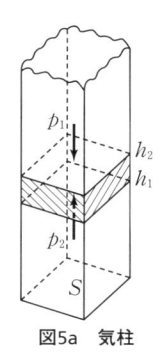

図5a　気柱

5.3 海水の比熱は 3.9 J/g·K，砂や土の比熱はおよそ 0.8 J/g·K なので，砂浜の比熱は海水の5分の1ほどである。このため，砂浜は熱しやすく，昼は海水より高温となる。高温の空気は軽くなるため上昇し，砂浜付近は低圧部となる。一方，海水は相対的に低温となるため，空気は重くなり下降して，海面付近は高圧部となる。風は高圧部から低圧部に吹くため，海から吹く海風になる。夜は，砂浜は冷えやすいので低温・高圧部となり，海面は高温・低圧部になるため陸風となる。

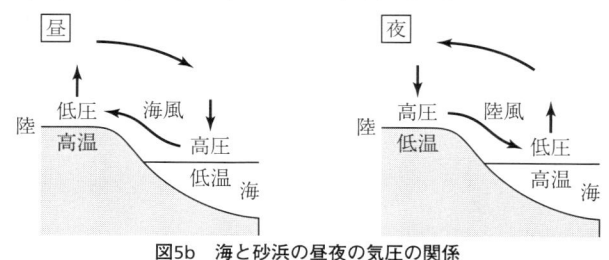

図5b　海と砂浜の昼夜の気圧の関係

5.4 $\dfrac{pV}{T} = \dfrac{1\,\mathrm{atm} \times V_\mathrm{s}}{273 + 17} = \dfrac{(100 + 1) \times V_\mathrm{d}}{273 + 3}$

より，

$$\dfrac{V_\mathrm{s}}{V_\mathrm{d}} = 106$$

となる。シリンダー内の空気は106倍に膨らむ。

5.5 A内の空気を $n_\mathrm{A}[\mathrm{mol}]$ とすれば，状態方程式は $pV = n_\mathrm{A} R T_\mathrm{A}$，100℃に熱したB内の空気を $n_\mathrm{B}[\mathrm{mol}]$ とすれば，状態方程式は $pV = n_\mathrm{A} R T_\mathrm{B}$ となるので，

$$n_\mathrm{A} + n_\mathrm{B} = \dfrac{pV}{R}\left(\dfrac{1}{T_\mathrm{A}} + \dfrac{1}{T_\mathrm{B}}\right)$$

$n = 2V/V_0$，$p_0 = RT_\mathrm{A}$ より，

$$p = \dfrac{2p_0 T_\mathrm{B}}{T_\mathrm{A} + T_\mathrm{B}} = 1.15\,\mathrm{atm}$$

となる。ただし，$p_0 = 1\,\mathrm{atm}$，$V_0 = 2.24 \times 10^{-2}\,\mathrm{m}^3$ である。

第 6 章

6.1 図 6a のように，鏡に対して，自分の像は自分と線対称の位置にある。目→C→Aでつくる三角形の底辺の半分と，目→D→Bでつくる三角形の底辺の 1/2 があれば，全身を映すことが可能である（CD の長さは身長の 1/2）。

6.2 A の光源を I_A，B の光度を I_B，また A からつい立てまでの距離を r_A，B からを r_B とすると，
$$\frac{I_B}{I_A} = \left(\frac{r_B}{r_A}\right)^2 = \left(\frac{70}{30}\right)^2$$
より，$I_B = 50 \times 49/9 = 272$ cd となる。

6.3 水は透明であるが，図 6b のように 10 m ほど深くなると青より短波長の光，緑より長波長の光はほとんど透過しなくなる。深いプールの水が青緑に見えるのはこのためである。

6.4 望遠鏡で区別できる角度 θ は，
$$\theta = 1.22\frac{\lambda}{D} = 1.22 \times \frac{5.90 \times 10^{-7}}{5.00}$$
$$= 1.44 \times 10^{-7} \text{ rad} = 0.0297 \text{ 秒}$$

6.5 荷電粒子である電子の円運動にともなって電磁波が放出され，電子はエネルギーを失い，原子核に落ち込んでしまう。例えば，水素原子 ($n=1$) は，1.6×10^{-11} 秒で点状に収縮してしまうことになる。

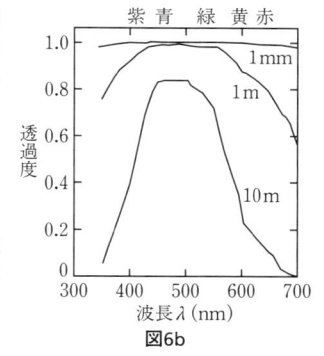

6.6 バルマーの式より，
$$\frac{1}{\lambda} = R_H \left(\frac{1}{4} - \frac{1}{5^2}\right) = 1.097 \times 10^7 \times \frac{21}{100}$$
を計算して，$\lambda = 4.34 \times 10^{-7}$ m となる。

図6a

図6b

第 7 章

7.1 式 (7.8) に $\tau = T$, $M = M_\odot$ を代入すると，
$$r^3 = \frac{GM_\odot}{4\pi^2}T^2 = \frac{6.7 \times 10^{-11} \times 2.0 \times 10^{30}}{4 \times 3.14^2}(3.2 \times 10^7)^2 = 3.48 \times 10^{33} \text{ m}^3$$
となる。これより，$r = 1.5 \times 10^{11}$ m $= 1.5 \times 10^8$ km となる。

7.2 正解は③である。太陽コロナの温度は 100 万～200 万 K なので①は間違い。彩層の厚さは 3000～4000 km なので光球よりはるかに小さい。光球の数倍まで広がって見えるのはコロナであるので②は間違い。黒点極大期は太陽活動極大期であるので，フレアが多発し，X 線や太陽風も強まるので③は正しい。窒素は温室効果気体ではな

いので④は不適である。

7.3 ヘリウム量は，46億年間 ($= 1.45 \times 10^{17}$ s) で，
$$6.0 \times 10^{11} \text{ kg/s} \times 1.45 \times 10^{17} \text{ s} = 8.7 \times 10^{28} \text{ kg}$$
となる。この値を密度 $150 \text{ g/cm}^3 (= 1.50 \times 10^5 \text{ kg/m}^3)$ で割ると，
$$\frac{8.7 \times 10^{28}}{1.5 \times 10^5} = 5.8 \times 10^{23} \text{ m}^3$$

コアの半径を r とすれば，
$$\frac{4}{3}\pi r^3 = 5.8 \times 10^{23}$$
である。これより，$r = 5.2 \times 10^7$ m となる。これは地球半径の約8倍の大きさである。

第8章

8.1 n 等級，m 等級の光度はそれぞれ
$$L_n = L_1 10^{-\frac{2(n-1)}{5}}, \quad L_m = L_1 10^{-\frac{2(m-1)}{5}}$$
なので，これらの比は，
$$\frac{L_n}{L_m} = 10^{\frac{2(m-n)}{5}}$$
となる。両辺の対数をとると，
$$\log_{10} \frac{L_n}{L_m} = \frac{2}{5}(m-n)$$
となるので，次式が得られる。
$$m - n = \frac{5}{2} \log_{10} \frac{L_n}{L_m}$$

8.2 ポグソンの式 $m = n + 5 - 5\log_{10} r$ を用いる。$13.24 = 9.54 + 5 - 5\log_{10} r$ より，$\log_{10} r = 1.3/5 = 0.26$，$r = 10^{0.26} = 1.82$ pc $= 5.93$ 光年となる。

8.3 シリウスAまでの距離 r は，$r = 1/0.379 = 2.64$ pc である。

また，絶対等級 m は，ポグソンの式より
$$m = -1.44 + 5 - 5\log_{10} 264 = 1.45$$
となる。この光度を太陽と比較すると
$$1.45 - 4.82 = \frac{5}{2} \log_{10}\left(\frac{L_\odot}{L}\right)$$
より，$\frac{L_\odot}{L} = 10^{1.348} = 22.28$ となる。ステファン - ボルツマンの法則より，
$$\left(\frac{T_\odot}{T}\right)^4 = \left(\frac{a}{R_\odot}\right)^2 / \frac{L_\odot}{L} = 1.76^2/22.28 = 0.139$$
となる。これより，シリウスAの表面温度は9470 K となる。

これは，ウィーンの法則を用いた結果 9700 K とおよそ一致している。

8.4 図8.6より絶対等級は -5，見かけの等級が20なので，ポグソンの式 $m = n + 5 - 5\log_{10} r$ より，$\log_{10} r = 6$ となるから，$r = 10^6$ pc である。この変光星までの距離は，およそ300万光年となる。

第 9 章

9.1 シリウス A の密度は,
$$\frac{2.14 M_\odot}{\frac{4}{3}\pi (1.68 R_\odot)^3} = 0.45 \frac{M_\odot}{\frac{4}{3}\pi R_\odot^3} = 0.45 \times 1.41 = 0.64 \text{ g/cm}^3$$
となる。同様に, シリウス B の密度は, 6.3×10^5 g/cm^3 となる。

9.2 ケプラー軌道の式
$$m_\text{A} + m_\text{B} = \frac{4\pi^2}{G}\left(\frac{b^3}{p^2}\right)$$
より,
$$b^3 = \frac{G}{4\pi^2}(m_\text{A} + m_\text{B})p^2, \quad b = 3.01 \times 10^{12} \text{ m}$$
となる。これは, およそ 20 AU に等しい。

9.3 半径 R の球対称の雲を考える。この雲の表面で静止しているガス塊 (質量 m) が, 中心に向かって自由落下するとする。エネルギー保存則より,
$$-\frac{GMm}{R} = \frac{1}{2}mv^2 - \frac{GMm}{r}$$
が成り立つ。中心に向かうガス塊を考えているので, $v = \dfrac{dr}{dt}$ である。すなわち,
$$\frac{dr}{dt} = \sqrt{2GM\left(\frac{1}{r} - \frac{1}{R}\right)}$$
と書ける。これより,
$$t_\text{f} = -\int_0^R \frac{1}{\sqrt{2GM\left(\frac{1}{r} - \frac{1}{R}\right)}}\,dr = \sqrt{\frac{R^3}{2GM}}\int_0^1 \sqrt{\frac{x}{1-x}}\,dx = \frac{\pi}{2}\sqrt{\frac{R^3}{2GM}}$$
$$M = \frac{4}{3}\pi R^3 \rho$$
となるので,
$$t_\text{f} = \sqrt{\frac{3\pi}{32G\rho}}$$
となる。

9.4 $\rho = \dfrac{3\pi}{32G} \times 10^4 = 4.4 \times 10^{13}$ kg/m^3

第 10 章

10.1 ①ハッブル, ②長, ③赤方, ④距離, ⑤比例, ⑥ドップラー, ⑦後退速度, ⑧宇宙膨張

10.2 音のドップラーと違って, 光のドップラーは相対性理論を使わなくてはならない。静止した慣性系 S 系から, 振動数 f, 波長 λ の波を

で表すとする。x 方向に速度 v で動いている慣性系を S' とする。どの慣性系から見ても波の山は山，谷は谷なので，

$$\frac{2\pi}{\lambda}x - 2\pi ft = \frac{2\pi}{\lambda'}x' - 2\pi f't'$$

が成り立つ。S 系と S' 系は，ローレンツ変換

$$x' = \frac{x - vt}{\sqrt{1 - \left(\frac{v}{c}\right)^2}}, \quad t' = \frac{t - \frac{v}{c^2}x}{\sqrt{1 - \left(\frac{v}{c}\right)^2}}$$

で関係づけられている。これを上の式に代入すると

$$\frac{2\pi}{\lambda}x - 2\pi ft = \frac{2\pi}{\lambda'}\frac{x - vt}{\sqrt{1 - \left(\frac{v}{c}\right)^2}} - 2\pi f'\frac{t - \frac{v}{c^2}x}{\sqrt{1 - \left(\frac{v}{c}\right)^2}}$$

となる。これより，

$$\frac{1}{\lambda} = \frac{1}{\lambda'} \times \frac{1}{\sqrt{1 - \left(\frac{v}{c}\right)^2}} + f' \times \frac{\frac{v}{c^2}}{\sqrt{1 - \left(\frac{v}{c}\right)^2}}$$

$$f = \frac{1}{\lambda'} \times \frac{v}{\sqrt{1 - \left(\frac{v}{c}\right)^2}} + f' \times \frac{1}{\sqrt{1 - \left(\frac{v}{c}\right)^2}}$$

が得られる。よって，

$$\frac{1}{\lambda} = \frac{1 - \left(\frac{v}{c}\right)^2}{\lambda'\sqrt{1 - \left(\frac{v}{c}\right)^2}} + f \times \frac{v}{c^2}$$

となる。これに波長と振動数の関係

$$f = \frac{c}{\lambda}$$

を代入すると

$$\lambda' = \sqrt{\frac{c+v}{c-v}}\,\lambda$$

となる。$\lambda' = \lambda$，$\lambda = \lambda_0$ とすれば，証明すべき式となる。

10.3　①ペンジャス，②2.7，③宇宙背景，④高密度，⑤ガモフ，⑥ビッグバン

索引

数字・アルファベット

3K 宇宙黒体放射　186
CNO サイクル　151
$E_0 = mc^2$　128
HR 図　143
p–p チェーン　128
SI　8
SN1987A　162

あ

アインシュタイン　49
アウグスティヌス　55
悶　2
アダムス　158
圧電気　52
圧力　13
アボガドロ定数　72
アラゴー　69
アリスタルコス　43
アルキメデス　101
アルファー　182
アンダーソン　128
アンペア　8
イオの食　67
イオン化エネルギー　110
一般性　5
イドラ　78
インダクタンス　17
インチ　2
ウィーン　140
ウィーンの法則　140
ヴィヴィアーニ　77
ウィルソン　185
ウェーバー　11
ウェーバー－フェヒナーの法則　136
ウォラストン　123
ヴォルコフ　166
宇宙年齢　179
宇宙背景放射　179
運動方程式　59
エーカー　3
エディントン　157
エネルギー　13
エネルギー保存の法則　90
エラトステネス　41
エルゴ球領域　169
エルステッド　185
オーム　11
オッペンハイマー　166
オングストローム　103

か

カー・ブラックホール　169
カー－ニューマン・ブラックホール　169
ガイガー　106
科学表記　25
可視光　95
カッシーニ　66
ガモフ　180
ガリレオ　20
ガロン　3
貫　4
慣性質量　47
桿体細胞　96
カンデラ　8
基本単位　8
キャベンディッシュ　60
キュービット　2
キルヒホッフ　124
キログラム　8
キログラム原器　46
クア　3
空気の密度　50
クーロン　11
クーロンの法則　15
クォークの電荷　71
クォーツ時計　53
屈折の法則　98
屈折率　98
組立単位　8
クラーク　158
クラウジウス　91
グレーン　5
グレゴリオ暦　54
ゲイ・リュサック　85
桁落ち　26
ケプラー　59
ケプラーの法則　59
ケルビン　8
原始星　149
ケンタウルス座 α 星　135
光行差　68
コーパスクル　72
ゴールド　183
国際単位系　8
国際度量衡総会　1
暦　53
コンダクタンス　17

さ

最小作用の原理　101

最小時間の原理　101
作用・反作用の法則　59
三角測量　6
ジーメンス　11
シェケル　5
紫外線　94
次元解析　33
仕事率　14
磁束　17
磁束密度　17
質量保存の法則　46
尺　1
ジャック・キュリー　52
シャルル　84
シャルルの法則　85
重力質量　47
重力定数　58
重力崩壊　161
ジュール　11, 90
主系列星　143
シュテファン　121
シュテファン－ボルツマン定数　121
シュテファン－ボルツマンの法則　120
シュワルツシルト　168
シュワルツシルト・ブラックホール　169
シュワルツシルト半径　168
升　3
状態方程式　82
照度　18
新科学対話　63
塵劫記　23
振動数　12
水素燃焼殻　153

錐体細胞　96
スタディオン　41
ステラジアン　8
ストークスの法則　72
ストーニー　72
スナイダー　166
スネル　101
スパン　2
スペクトル　103
スライファー　176
畝　3
星間雲　148
星間物質　148
青方偏移　175
精密天秤　46
赤外線　95
赤色巨星　145
赤方偏移　173
セ氏温度　17
絶対光度　138
セファイド型変光星　146
ゼラーの公式　57
セルシウス　11
セレンディピティー　185
総体性　5
ソディー　106
ソルベイ　181

た

駄　4
体系性　5
太閤検地　3
ダイソン　117
大宝律令　1
太陽定数　115
太陽年　51

脱出速度　126
タリー－フィッシャーの関係　146
タレス　101
反　3
単位　1
力　12
地平線　40
チャドウィック　163
チャンドラセカール　157
チャンドラセカール限界　157
中性子縮退圧　164
中性子星　155
町　3
潮汐力　42
ツヴィッキー　163
束　1
坪　3
ティコ　162
定常宇宙論　183
ディッケ　186
ディラック　128
デカルト　101
テスラ　11
デモクリトス　78
電位　15
電荷　14
電気素量　71
電気抵抗　16
電気容量　16
電子縮退圧　157
電磁波　94
電子配置　112
電子ボルト　109
天文単位　116
等価原理　49

ドップラー　121
ドップラー効果　173
トムソン
（J. J. Thomson）　72, 105
トムソン（W. Thomson）
　92
トリチェリ　77
トリチェリの実験　76
度量衡　1

な

内部エネルギー　90
長岡半太郎　105
二重秤量法　47
ニュートン　11
熱平衡　88
熱容量　89
熱力学第1法則　90
熱量保存の法則　89
年周視差　134
ノギス　36

は

パーセク　134
バーデ　163
バーニア　38
ハーマン　182
パウエル　182
パウリ　112
パウリ原理　112
白色矮星　144
はくちょう座61番星　135
パスカル　11, 79
パッシェン　105
ハッブル　172

ハッブル定数　176
ハッブルの法則　176
林フェイズ　150
ハリソン　52
パルサー　164
バルマー　103
バルマーの式　104
バロット　173
万有引力定数　58
ピーブルス　186
ピエール・キュリー　52
光速度　63
光束　18
ヒッパルコス　136
比熱　89
ヒューイッシュ　164
ヒューメイソン　176
秒　8, 51
標準状態　56
標準星　138
標準偏差　27
標本分散　27
尋　1
歩　3
ファラデー　11
ファラデー定数　72
フィゾー　69
フィッツジェラルド　95
フーコー　69
フート　2
フェイバー – ジャクソンの
　関係　146
フェルマー　101
フェルミ分布　158
フェルミ粒子　164
藤原定家　162
プトレマイオス　101

フラウンホーファー　124
ブラケット　105
ブラックホール　155
ブラッドリー　68
フリードマン　180
振り子時計　52
振り子の等時性　52
プリンキピア　58
フレネル　102
フロギストン説　45
分子雲　148
ブンゼン　124
平均　27
平均軌道長半径　116
平均太陽日　51
ベーコン　78
ベーテ　182
ヘール　172
ベッセル　133
ヘラパス　91
ペラン　72
ヘリウムフラッシュ　159
ペリエ　79
ヘルツ　11
ヘルツシュプルング　143
ベルヌーイ　91
ベル＝バーネル　164
ヘルムホルツ　90
ペンジャス　185
ヘンリー　11
ヘンリエッタ・リービット
　146
ホイーラー　167
ホイヘンス　52
ホイル　183
ボイル　81

ボイル‐シャルルの法則　87
ボイルの法則　81
ボーア　107
ポグソン　136
補助単位　8
ボルタ　11
ボルツマン　92
ボルツマン定数　75
ボンディ　183

ま

マースデン　106
マイクロメータ　37
マイヤー（J. R. von Mayer）　90
マイヤー（L. Meyer）　111
マクスウェル　92
マクスウェル‐ボルツマン分布　157
マッハ　121
マリオット　81
マルコーニ　95
ミー　103
ミー散乱　103
ミッチェル　61
密度　49
ミリカン　72
明視の距離　100
メートル　8, 36
メートル原器　36
メートル法　5
メンデレーエフ　111
モル　8
モンゴルフィエ兄弟　87
匁　4

や・ら・わ

ユークリッド　101
有効数字　25
湯川秀樹　182
陽子‐陽子連鎖反応　128
ライスナー‐ノルトシュトゥルム・ブラックホール　169
ライマン　105
ラザフォード　106
ラザフォード模型　108
ラジアン　8
ラッセル　143
ラボアジエ　7
ランダウ　163
理想気体の状態方程式　87
リュードベリ　104
リュードベリ原子　109
リュードベリ定数　104
レイリー　102
レイリー散乱　102
レーマー　66
レントゲン　185
ロス卿　162
ワット　11

●周期表

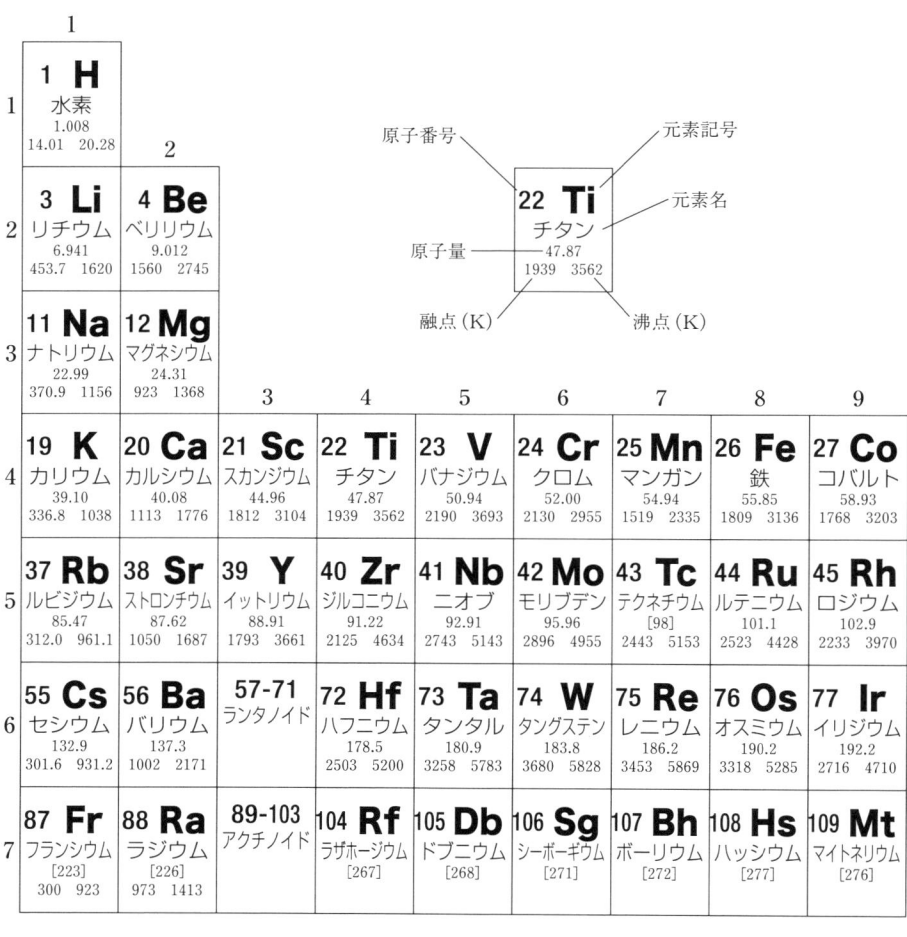

凡例:
- 原子番号: 22
- 元素記号: Ti
- 元素名: チタン
- 原子量: 47.87
- 融点(K): 1939
- 沸点(K): 3562

	1	2	3	4	5	6	7	8	9
1	1 H 水素 1.008 14.01 20.28								
2	3 Li リチウム 6.941 453.7 1620	4 Be ベリリウム 9.012 1560 2745							
3	11 Na ナトリウム 22.99 370.9 1156	12 Mg マグネシウム 24.31 923 1368							
4	19 K カリウム 39.10 336.8 1038	20 Ca カルシウム 40.08 1113 1776	21 Sc スカンジウム 44.96 1812 3104	22 Ti チタン 47.87 1939 3562	23 V バナジウム 50.94 2190 3693	24 Cr クロム 52.00 2130 2955	25 Mn マンガン 54.94 1519 2335	26 Fe 鉄 55.85 1809 3136	27 Co コバルト 58.93 1768 3203
5	37 Rb ルビジウム 85.47 312.0 961.1	38 Sr ストロンチウム 87.62 1050 1687	39 Y イットリウム 88.91 1793 3661	40 Zr ジルコニウム 91.22 2125 4634	41 Nb ニオブ 92.91 2743 5143	42 Mo モリブデン 95.96 2896 4955	43 Tc テクネチウム [98] 2443 5153	44 Ru ルテニウム 101.1 2523 4428	45 Rh ロジウム 102.9 2233 3970
6	55 Cs セシウム 132.9 301.6 931.2	56 Ba バリウム 137.3 1002 2171	57-71 ランタノイド	72 Hf ハフニウム 178.5 2503 5200	73 Ta タンタル 180.9 3258 5783	74 W タングステン 183.8 3680 5828	75 Re レニウム 186.2 3453 5869	76 Os オスミウム 190.2 3318 5285	77 Ir イリジウム 192.2 2716 4710
7	87 Fr フランシウム [223] 300 923	88 Ra ラジウム [226] 973 1413	89-103 アクチノイド	104 Rf ラザホージウム [267]	105 Db ドブニウム [268]	106 Sg シーボーギウム [271]	107 Bh ボーリウム [272]	108 Hs ハッシウム [277]	109 Mt マイトネリウム [276]

ランタノイド	57 La ランタン 138.9 1193 3735	58 Ce セリウム 140.1 1073 3700	59 Pr プラセオジム 140.9 1204 3783	60 Nd ネオジム 144.2 1289 3343	61 Pm プロメチウム [145] 1415 3573	62 Sm サマリウム 150.4 1443 2063
アクチノイド	89 Ac アクチニウム [227] 1323 3473	90 Th トリウム 232.0 2023 5063	91 Pa プロトアクチニウム 231.0 1843 4273	92 U ウラン 238.0 1405 4445	93 Np ネプツニウム [237] 913 4173	94 Pu プルトニウム [239] 913 3504

10	11	12	13	14	15	16	17	18
								2 **He** ヘリウム 4.003 0.95 4.22
			5 **B** ホウ素 10.81 2350 4143	6 **C** 炭素 12.01 3820 5100	7 **N** 窒素 14.01 63.29 77.35	8 **O** 酸素 16.00 54.75 90.19	9 **F** フッ素 19.00 53.53 85.01	10 **Ne** ネオン 20.18 24.48 27.10
			13 **Al** アルミニウム 26.98 933.5 2793	14 **Si** ケイ素 28.09 1685 3539	15 **P** リン 30.97 317.3 554	16 **S** 硫黄 32.07 386 717.8	17 **Cl** 塩素 35.45 172 239.1	18 **Ar** アルゴン 39.95 83.95 87.3
28 **Ni** ニッケル 58.69 1728 3163	29 **Cu** 銅 63.55 1357 2844	30 **Zn** 亜鉛 65.38 692.7 1180	31 **Ga** ガリウム 69.72 302.9 2481	32 **Ge** ゲルマニウム 72.64 1211 3107	33 **As** ヒ素 74.92 1090 876	34 **Se** セレン 78.96 493 958	35 **Br** 臭素 79.90 265.9 332	36 **Kr** クリプトン 83.80 117 120
46 **Pd** パラジウム 106.4 1825 3237	47 **Ag** 銀 107.9 1235 2435	48 **Cd** カドミウム 112.4 594.2 1040	49 **In** インジウム 114.8 429.8 2345	50 **Sn** スズ 118.7 505.1 2876	51 **Sb** アンチモン 121.8 903.9 1860	52 **Te** テルル 127.6 723 1264	53 **I** ヨウ素 126.9 386.8 458	54 **Xe** キセノン 131.3 161.3 165
78 **Pt** 白金 195.1 2042 4100	79 **Au** 金 197.0 1338 3130	80 **Hg** 水銀 200.6 243.3 629.7	81 **Tl** タリウム 204.4 577 1746	82 **Pb** 鉛 207.2 600.7 2023	83 **Bi** ビスマス [209.0] 544.6 1834	84 **Po** ポロニウム [210] 527 1233	85 **At** アスタチン [210] 573 623	86 **Rn** ラドン [222] 202 211
110 **Ds** ダームスタチウム [281]	111 **Rg** レントゲニウム [280]	112 **Cn** コペルニシウム [285]	113 **Nh** ニホニウム [286]	114 **Fl** フレロビウム [289]	115 **Mc** モスコビウム [289]	116 **Lv** リバモリウム [293]	117 **Ts** テネシン [294]	118 **Og** オガネソン [294]

63 **Eu** ユウロピウム 152.0 1095 1873	64 **Gd** ガドリニウム 157.3 1587 3533	65 **Tb** テルビウム 158.9 1633 3493	66 **Dy** ジスプロシウム 162.5 1683 2833	67 **Ho** ホルミウム 164.9 1743 2973	68 **Er** エルビウム 167.3 1803 3133	69 **Tm** ツリウム 168.9 1823 2223	70 **Yb** イッテルビウム 173.1 1097 1473	71 **Lu** ルテチウム 175.0 1933 3663
95 **Am** アメリシウム [243] 1449 2873	96 **Cm** キュリウム [247] 1618 3383	97 **Bk** バークリウム [247] 1323	98 **Cf** カリホルニウム [252] 1173	99 **Es** アインスタイニウム [252] 1133	100 **Fm** フェルミウム [257] 1803	101 **Md** メンデレビウム [258] 1103	102 **No** ノーベリウム [259] 1103	103 **Lr** ローレンシウム [262] 1903

著者紹介　並木雅俊（なみきまさとし）
1953年生まれ。
東京都立大学大学院理学研究科物理学専攻博士課程中退。現在、高千穂大学 教授(元学長)。著書に、『絵でわかる物理学の歴史』(講談社)、『文明開化の数学と物理』(共著、岩波書店)、『物理学者小伝』(シュプリンガー・ジャパン)、『明解ガロア理論』(共訳、講談社)、『アインシュタイン奇跡の年 1905』(翻訳、シュプリンガー・ジャパン)、『宇宙の発見』(翻訳、丸善) など。

NDC420 215p 22cm

講談社基礎物理学シリーズ　0
大学生のための物理入門
（だい・がく・せい　ぶつ・り・にゅう・もん）

2010年4月30日　第1刷発行
2024年1月17日　第6刷発行

著者	並木雅俊（なみきまさとし）
発行者	森田浩章
発行所	株式会社 講談社
	〒112-8001 東京都文京区音羽 2-12-21
	販売 (03)5395-4415
	業務 (03)5395-3615
編集	株式会社 講談社サイエンティフィク
	代表　堀越俊一
	〒162-0825 東京都新宿区神楽坂 2-14　ノービィビル
	編集 (03)3235-3701
ブックデザイン	鈴木成一デザイン室
印刷所	株式会社ＫＰＳプロダクツ
製本所	大口製本印刷株式会社

KODANSHA

落丁本・乱丁本は購入書店名を明記の上、講談社業務宛にお送りください。送料小社負担でお取替えいたします。なお、この本の内容についてのお問い合わせは講談社サイエンティフィク宛にお願いいたします。定価はカバーに表示してあります。
© Masatoshi Namiki, 2010
本書のコピー，スキャン，デジタル化等の無断複製は著作権法上での例外を除き禁じられています。本書を代行業者等の第三者に依頼してスキャンやデジタル化することはたとえ個人や家庭内の利用でも著作権法違反です。

JCOPY ＜(社)出版者著作権管理機構　委託出版物＞
複写される場合は、その都度事前に (社) 出版者著作権管理機構（電話 03-5244-5088，FAX 03-5244-5089，e-mail: info@jcopy.or.jp）の許諾を得てください。

Printed in Japan
ISBN 978-4-06-157200-3

2つの量の関係を表す数学記号

記号	意味	英語	備考
$=$	に等しい	is equal to	
$\neq$	に等しくない	is not equal to	
$\equiv$	に恒等的に等しい	is identically equal to	
$\stackrel{\text{def}}{=}, \equiv$	と定義される	is defined as	
$\approx, \fallingdotseq$	に近似的に等しい	is approximately equal to	この意味で$\simeq$を使うこともある。$\fallingdotseq$は主に日本で用いられる。
$\propto$	に比例する	is proportional to	この意味で$\sim$を用いることもある。
$\sim$	にオーダーが等しい	has the same order of magnitude as	オーダーは「桁数」あるいは「おおよその大きさ」を意味する。
$<$	より小さい	is less than	
$\leq, \leqq$	より小さいかまたは等しい	is less than or equal to	$\leqq$は主に日本で用いられる。
$\ll$	より非常に小さい	is much less than	
$>$	より大きい	is greater than	
$\geq, \geqq$	より大きいかまたは等しい	is greater than or equal to	$\geqq$は主に日本で用いられる。
$\gg$	より非常に大きい	is much greater than	
$\rightarrow$	に近づく	approaches	

演算を表す数学記号

記号	意味	英語	備考
$a+b$	加算, プラス	a plus b	
$a-b$	減算, マイナス	a minus b	
$a \times b$	乗算, 掛ける	a multiplied by b, a times b	$a \cdot b$と書くことと同義。文字式同士の乗算ではabのように省略するのが普通。
$a \div b$	除算, 割る	a divided by b, a over b	a/bと書くことと同義。
a^2	aの2乗	a squared	
a^3	aの3乗	a cubed	
a^n	aのn乗	a to the power n	
$\sqrt{a}$	aの平方根	square root of a	
$\sqrt[n]{a}$	aのn乗根	n-th root of a	
a^*	aの複素共役	complex conjugate of a	
$|a|$	aの絶対値	absolute value of a	
$\langle a \rangle, \bar{a}$	aの平均値	mean value of a	
$n!$	nの階乗	n factorial	
$\sum_{k=1}^{n} a_k$	a_kの$k=1$からnまでの総和	sum of a_k over $k=1$ to n	
$\prod_{k=1}^{n} a_k$	a_kの$k=1$からnまでの総乗積	product of a_k over $k=1$ to n	